최연지 지음

예신 Books

책을 내면서 …

아이를 낳고 살면서 '엄마'라는 역할이 정말 힘든 것이구나 새삼 깨닫게 된다. 더구나 나처럼 일을 하는 워킹맘이라면 이런 감정을 더욱 절실히 느낀다. 특히 아이의 먹을거리까지 남의 손을 빌려야 할 때 그렇다. 이러한 현실 속에서 일하는 엄마들은 육체적인 피로감보다는 내 아이와 함께하지 못하는 미안함 때문에 오히려 더 힘들어한다.

나 또한 그렇다. 정신없는 하루하루를 보내고 맞이하는 주말, 물론 편히 쉬고 싶은 마음이야 굴뚝같지만 사랑하는 내 아이를 위한 시간을 보내고 싶은 것이 엄마 마음이다. 이런 엄마들을 위해 더욱더 쉽고 간단한 베이킹들을 소개하고자 한다. 일하는 엄마들도 짧은 시간 안에 만들 수 있는 메뉴들 위주로 구성해 보았다. 뿐만 아니라 엄마가 만들어서 주는 것이 아니라 아이와 함께 만들 수 있는 것들이 많아 아이와 함께 어떻게 시간을 보내나 고민인 엄마들에도 안성맞춤일 것이다. 아이와 함께하는 시간이 부족해 미안한 마음을 외식이나 비싼 장난감으로 대신할 것이 아니라 주말 오후 이 책을 펼쳐놓고 놀아보기를 권한다. 모양이 조금 못나고, 타버린 쿠키라도 괜찮다. 아이와 함께 만든 간식이 세상 무엇보다 소중하고 맛있을 것이다.

이 책은 어렵지 않아 빠르고 간단하게 할 수 있는 베이킹 메뉴들로 구성되어 있다. 꼭 아이와 함께하고 싶은 엄마들이 아니어도 평소 베이킹에 관심은 있었지만 어려울 것 같아 망설이고 있었던 모든 이들에게 권하고 싶다. 특히 마음을 전할 직접 만든 선물이 없을까 고민이었던 사람에겐 더없이 훌륭한 길잡이가 되어줄 것이다.

세상의 많은 일 중에 베이킹을 만나고 그로 인해 또 많은 일들을 할 수 있어서 하루하루가 행복하다. 이렇게 책을 쓰는 일도 베이킹을 통한 인연으로 가능한 것이었다. 진행과 원고를 도와준 강민 씨, 멋진 사진을 남겨주신 구자익 실장님, 스타일리스트 김영숙, 홍종숙 언니께 고마운 마음을 전한다. 또한 출판사 편집부 직원들께도 감사의 마음을 전한다.

끝으로 말은 무뚝뚝하게 하지만 언제나 딸 걱정해 주시는 울 엄마, 따뜻한 밥 잘 얻어먹지 못해도 항상 내 편인 조종래 씨, 이젠 제법 쿠키를 잘 구워내는 하연이, 베이킹으로 닿은 소중한 인연들에게도 깊은 감사를 드린다.

최연지(juicy0070@naver.com)

••• CONTENTS

Part 1

빠르게 만들어 맛있게 먹는 쿠키

삼색 상투과자 >> 18

마들렌 >> 20

초코 마들렌 >> 22

호두 스콘 >> 24

건포도 스콘 >> 26

롱코코넛 쿠키 >> 28

아몬드 쿠키 >> 30

연유 쿠키 >> 32

KFC 비스킷 >> 34

참깨 쿠키 >> 36

단호박 냉동 쿠키 >> 38

쇼콜라 아망디오 >> 40

아몬드 튀일 >> 42

들깨, 검은깨 튀일 >> 44

시리얼 바 >> 46

바삭한 초코칩 쿠키 >> 48

손반죽 샤브레 쿠키 >> 50

견과류 앙금 쿠키 >> 52

코코넛 스틱 쿠키 >> 54

자색 고구마 쿠키 >> 56

Part 2

든든한 한 끼
식사 빵 & 샌드위치

동서남북 빵 >> 60

시나몬롤 비스킷 >> 62

햄치즈 브레드 >> 64

계란빵 >> 66

아일리시 브레드 >> 68

잡곡 샌드위치 >> 70

플라워 샐러드 샌드위치 >> 72

김밥 샌드위치 >> 74

바게트 샌드위치 >> 76

달걀 샌드위치 >> 78

롤 샌드위치 >> 80

초콜릿 프렌치 토스트 >> 82

크로크무슈 >> 84

삼각 토스트 >> 86

마늘빵 >> 88

식빵 키쉬 >> 90

식빵 푸딩 >> 92

바나나 식빵 그라탕 >> 94

프렌치 바게트 스틱 >> 96

초간단 오렌지 팬케이크 >> 98

Part 3

특별한 날, 더욱 맛있게 즐기는 디저트

커피 케이크 >> 102

정통 브라우니 >> 104

과일 브라우니 >> 106

한입 치즈 케이크 >> 108

티라미슈 >> 110

초코 무스 딸기 >> 112

모카 초콜릿 >> 114

두유 푸딩 >> 116

산딸기 요거트 >> 118

캐러멜 푸딩 >> 120

와인 젤리 >> 122

치즈 파운드 케이크 >> 124

과자집 >> 126

핫케이크 와플 >> 128

크림 가득 컵케이크 >> 130

과일 크레이프 >> 132

생크림 케이크 >> 134

단호박 무스 케이크 >> 136

Part 4

빵과 쿠키가 더욱 맛있어지는 음료

사과 아이스티 >> 140

레몬에이드 >> 141

토마토 주스 >> 142

키위 주스 >> 143

요거트 셰이크 >> 144

딸기 셰이크 >> 145

녹차라떼 >> 146

바나나 주스 >> 147

고구마 라떼 >> 148

카푸치노 >> 149

좋은 재료가
건강한 베이킹의 첫걸음

≫ 버 터

　버터는 우유 중의 지방을 분리해서 크림을 만들고 이것을 응고시켜 만든 유제품으로 소금을 넣지 않은 가염버터와 소금을 넣은 무염버터 두 종류가 있다. 무염버터는 보존성이 짧고 일반 요리에 사용하기에는 맛이 부족하므로 제과 제빵의 원료로 많이 이용한다. 거의 모든 레시피에서 무염버터를 선호하지만 마트에서 쉽게 구할 수 있는 가염버터를 사용해도 상관은 없다. 단, 레시피에 무염버터 사용이라고 나와 있는데 가염버터로 임의로 바꿀 경우에는 소금의 양을 신경써서 조금 줄이는 것이 좋다.

　이 책에 소개되는 메뉴들은 무염버터와 가염버터 어느 것을 써도 괜찮다. 소금은 설탕처럼 많이 들어가는 재료가 아니라서 맛에 큰 영향을 주지 않기 때문이다.

　베이킹을 할 때 버터는 상온에 미리 꺼내 두는 것이 낫다. 냉장 보관인 버터를 베이킹 전 미리 꺼내 두는 걸 깜빡하더라도 절대 전자레인지에서 해동을 한다거나 가스 불에 올려 녹이거나 해서는 안된다. 실온에 충분히 꺼내두어 부드러워진 후에 버터를 사용한다.

>> 마가린

　한마디로 정리하자면 버터의 대용품이다. 베이킹할 때 가격에 가장 민감한 재료가 우유로 만들어 가격이 비싼 버터이다. 때문에 버터 대용으로 우유에서 분리한 지방이 아닌 만들어진(정제된) 지방이 함유된 마가린이 만들어졌다고 할 수 있다.

　마가린은 버터 향과 색을 흉내낸 인조 버터일 뿐이다. 상업적인 이익을 위한 일이 아닌 아이들의 건강을 위해 베이킹을 시작했다면 마가린은 절대 사용하지 말아야 한다.

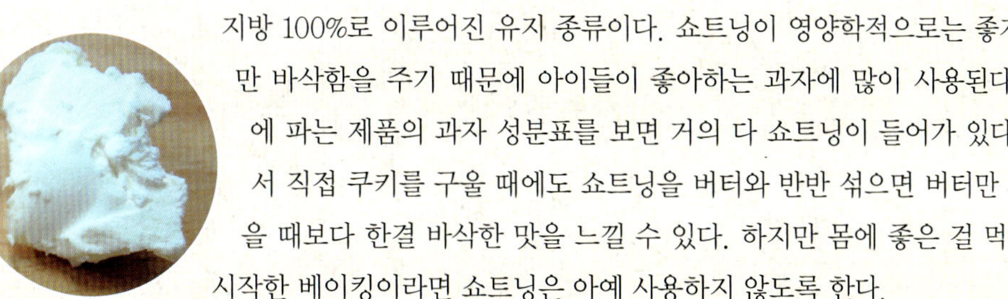

>> 쇼트닝

　지방 100%로 이루어진 유지 종류이다. 쇼트닝이 영양학적으로는 좋지 않지만 바삭함을 주기 때문에 아이들이 좋아하는 과자에 많이 사용된다. 시중에 파는 제품의 과자 성분표를 보면 거의 다 쇼트닝이 들어가 있다. 집에서 직접 쿠키를 구울 때에도 쇼트닝을 버터와 반반 섞으면 버터만 사용했을 때보다 한결 바삭한 맛을 느낄 수 있다. 하지만 몸에 좋은 걸 먹이고자 시작한 베이킹이라면 쇼트닝은 아예 사용하지 않도록 한다.

>> 밀가루

　인터넷만 들어가면 웬만한 베이킹 레시피는 다 찾아볼 수 있는 탓에 가벼운 마음으로 베이킹에 도전하는 사람들이 많다. 하지만 아주 기초적인 재료 선택을 잘못하여 망치는 경우가 많은데 그 중 대표적인 것이 밀가루이다. 밀가루는 흔히 강력분, 중력분, 박력분으로 나뉘는데, 밀가루는 단백질의 종류인 글루텐에 의해 종류가 나눠진다. 글루텐 함량이 많은 것이 강력분, 적은 것이 박력분이다. 중력분은 그 중간 정도라고 생각하면 된다.

　글루텐을 쉽게 설명하자면, 식빵을 잘랐을 때 거미줄처럼 엉켜있는 것이 글루텐이라고 생각하면 된다. 식빵과 같은 빵 종류는 거미줄 같은 글루텐을 필요로 하므로 강력분을 사용하고, 쿠키나 케이크 종류는 글루텐이 생기면 식감이 퍽퍽해 좋지 않으므로 박력분을 사용한다. 가정에서 흔히 쓰는 중력분으로 쿠키를 만들 수도 있지만 식감이 좋지 않으므로 가급적 박력분의 사용을 권한다.

>> 설 탕

흰설탕, 황설탕, 흑설탕 아무거나 사용해도 무방하다. 단, 사용하는 설탕의 색에 따라 완성된 쿠키나 케이크의 색이 바뀐다는 것만 알아두면 된다. 쉽게 말해 흰설탕을 사용하면 원래 알고 있는 쿠키와 케이크의 색이 나오고, 황설탕을 사용하면 모카 쿠키나 케이크를 구운 듯한 색이, 흑설탕을 사용하면 마치 초콜릿을 넣은 듯한 진한 색으로 바뀐다. 물론 맛에서 큰 차이를 느끼진 않겠지만 시각적으로는 초콜릿 향이 나는 듯하다.

요즘은 유기농 황설탕을 사용하는 경우도 많은데, 물론 사용은 가능하지만 유기농 황설탕은 알갱이가 커서 조금 갈아서 쓰는 것이 좋다. 설탕을 다 녹이지 않고 쿠키나 케이크를 구우면 윗면에 작은 구멍이 생긴다. 특히 모양을 갖춰서 굽는 쿠키라면 퍼져 버리기도 한다. 유기농 설탕을 사용할 경우 꼭 한번 갈아서 쓰도록 한다.

재료 중에 슈거 파우더를 사용할 경우 보유하고 있는 재료가 설탕밖에 없다면 설탕을 직접 갈아 써도 된다. 단, 미리 한꺼번에 갈아두고 사용하지 말고 번거롭더라도 쓸 때마다 갈아서 쓰도록 한다. 시중에 파는 슈거 파우더에는 설탕에 덩어리짐을 방지하기 위해 3% 전분을 함유하고 있기 때문이다. 설탕만 미리 잔뜩 갈아둔다면 덩어리져서 다시 갈아줘야 한다.

>> 달 걀

시중에서 흔히 구입하는 달걀은 60g을 기준으로 한다. 껍질이 전체 무게의 10% 정도 차지하고 나머지 내용물이 90%이므로 달걀 한 개의 무게는 50~55g 정도이다. 레시피에 1개, 2개로 표기된 것은 개수로 사용하면 되고, 그램으로 표기된 것은 저울로 정확히 계량해야 한다. 달걀 흰자, 노른자가 따로 표기된 경우는 머랭(흰자와 설탕을 넣어 거품낸 것)을 사용하거나, 색을 내거나, 수분 함량 차이 때문에 나눈 경우이므로 레시피를 숙지하도록 한다.

상온 상태의 달걀이 거품을 낸다거나 크림화를 더 잘 시키므로 베이킹을 할 때 달걀은 미리 꺼내 두도록 한다. 만약 냉장고에 있는 차가운 달걀을 급하게 사용해야 하는 경우가 생긴다면 미지근한 물에 껍질째 넣어 상온의 온도로 맞춰주면 된다.

>> 건조 과일

베이킹에 건조 과일을 이용할 때는 럼주나 미지근한 물에 20분 정도 불려 부드러워지게 한 다음 사용한다. 그대로 사용하면 건조 과일이 케이크나 쿠키의 수분을 다 빼앗아가기 때문이다. 건조 과일은 부드럽고 쫄깃해져서 먹기 좋겠지만 케이크나 쿠키는 반대로 퍽퍽해진다.

건조 과일을 베이킹에 사용하면 건조 과일이 가지고 있는 새콤한 맛을 많이 줄여주기 때문에 부담 없이 먹을 수 있다. 건조 과일은 실온의 서늘한 곳에서 보관하는 것이 좋은데 구입 시 유통기한을 잘 보고 구매하도록 한다.

>> 천연가루

단호박, 백년초 가루 등은 천연가루이기 때문에 가급적 공기와의 접촉을 막고 밀봉하는 것이 가장 좋은 보관법이다. 고온다습한 곳을 피하고 실온의 서늘한 곳이 가장 좋다. 뾰족한 물건과 같이 두어 비닐 팩에 구멍이 생기면 공기가 들어가 가루에 덩어리가 생기게 되므로 주의하도록 한다.

간혹 냉동고나 냉장고에 보관하는 경우도 있는데 냉장고(냉동고)의 습기를 빨아들일 수 있으므로 상온에 보관한다. 떡을 만들 때 천연가루를 많이 사용하는데, 베이킹에서도 얼마든지 응용 가능하기 때문에 천연가루의 적절한 이용은 빵과 과자를 더 건강하게, 더 맛있게 즐길 수 있는 방법이다.

베이킹 시작 전
알아두면 좋아요 Q&A

보통 가정에서 베이킹을 할 때 가루 체치기를 생략하는 경우가 많다. 첫째, 가루가 날려서 주방이 지저분해진다. 둘째, 밀가루 보관을 잘했기 때문에 덩어리진 것이 없어 괜찮다는 이유이다. 하지만 베이킹 첫 수업시간에 가루 체치기를 강조하는 편이다. 빼먹고 넘어가도 괜찮을 과정이 아니기 때문이다. 베이킹 중 달걀 노른자와 흰자를 구별해서 넣어야 하는 것만큼이나 가루 체치기는 중요한 과정이다. 이는 단지 밀가루의 덩어리를 풀어주고자 하는 것만이 아니다. 가끔은 체에 남은 밀가루 덩어리를 방부제가 뭉친 거라는 이유로 그냥 버리는 사람도 있는데, 아니다. 단지 밀가루가 뭉친 것일 뿐이다.

가루를 꼭 체에 쳐야 하는 이유는 첫째, 간혹 포함되어 있는 불순물을 걸어내고 덩어리진 밀가루를 풀어주기 위함이다. 둘째, 가루 재료들을 한 번 섞어주는 의미가 있다. 글루텐 형성을 막기 위해선 가루를 넣은 후 최대한 적게 섞어줘야 하는데 가루 재료들을 같이 체를 치면 반죽을 살짝만 해도 가루들이 골고루 섞이게 되는 것이다. 셋째, 공기를 흡입시킨다. 이것이 가루 재료를 체에 쳐야 하는 가장 큰 이유이다. 보통 반죽 그릇 20~30cm 위에서 체를 치라고 하는데 그 정도 높이에서 체를 칠 때 가루가 떨어지면서 공기와 함께 들어가 반죽도 잘되고 결과물도 잘 나온다. 체를 칠 때 날리는 걸 피하려고 바로 위에서 체를 치는 경우가 있는데 20cm 높이에서 하는 것이 좋다.

레시피상의 재료 분량이 너무 많거나 적다고 하는 사람들이 있는데 이런 경우 밀가루만 줄이거나 늘려서는 안된다. 간혹 '난 반만 필요하니까….' '조금 더 많았으면 좋겠다….' 하고 밀가루만 줄이거나 늘려서 하는 경우가 있는데 이는 대단히 위험한 발상이다. 모든 음식은 적절한 양의 재료가 배합되어야 최상의 맛이 나오기 마련이다. 베이킹의 경우에는 전체적으로 재료들을 곱하거나 나누면 된다.

이 책에 소개된 메뉴 중에서 "음~ 너무 달아서 못먹겠는 걸…." 하는 메뉴는 없다. 설탕이 칼로리가 높다고 해서 무턱대고 임의대로 그 양을 조절하게 되면 반죽이 제대로 되지 않는다. 설탕은 천연 방부제 역할도 하기 때문에 설탕이 빠지게 되면 촉촉함도 줄 뿐만 아니라 애써 만들어 놓은 빵과 과자가 금방 상하게 된다. 설탕이나 버터의 양을 조절하고 싶다면 아주 조금씩만 줄여 반죽의 상태를 보도록 한다. 만약 반죽의 상태도 결과물도 괜찮다면 조금씩 줄이면서 자신만의 최고의 레시피를 만들도록 한다.

오븐과 친해지기

빵을 만드는 사람들에게 오븐과 친해지는 것은 매우 중요한 문제이다. 기껏 반죽을 잘했어도 오븐 작동을 잘 못하면 모든 노력이 물거품이 될 수 있기 때문이다. 베이킹 수업을 새로 시작하는 곳이 있으면 내색은 안하지만 무척 긴장된다. 그곳에서의 오븐과도 첫 만남일 경우가 많기 때문이다. 오븐은 제조사마다 화력과 성질이 다르고 오븐의 종류에 따라서도 각각 장점과 단점이 다르다. 오븐 사용에 있어 실패를 줄이려면 다음과 같이 해야 한다.

첫째, 가정에서 베이킹을 할 때는 꼭 한 판씩만 사용한다. 빵이나 쿠키를 대량으로 굽기 위해 사용하는 베이킹 전용 오븐은 가정용 오븐처럼 위에서 차례로 판을 끼우는 형식이 아니라 옆으로 판을 늘려서 굽는 형식이다. 팬마다 아래 위로 골고루 열을 받아야 하기 때문이다. 그래서 가정용 오븐에 판을 여러 개 끼울 수 있는 공간이 아무리 많아도 무조건 한 판씩만 사용해야 한다. 홈쇼핑 오븐 광고에서 흔히 볼 수 있는 위에서 쿠키를 꺼내고 아래에서 머핀을 꺼내는 것은 불가능하다. 특히 베이킹 초보라면 절대 따라해서는 안된다.

둘째, 책에 나오는 온도와 시간을 무조건 믿지 않는다. 각 메뉴마다 적절한 온도와 시간을 표기해 놓긴 했지만 사용하고 있는 오븐은 자신이 가장 잘 알 것이다. 책에 나오는 온도와 시간대로 했더니 타버렸다던지 익지도 않고 물컹거리기만 한다던지 하는 경험이 있다면 시간과 온도를 조절해야 한다. 보통의 쿠키는 190℃에서 10~15분 사이에 많이 굽지만 20~30℃ 정도는 온도 조절이 가능하다. 그러므로 내 오븐의 특성에 따라 시간과 온도를 조절해서 굽는 것이 좋다. 아무리 좋은 베이킹 책을 많이 가지고 있어도 내 오븐과 친해지는 것이 맛있는 쿠키를 구울 수 있는 가장 좋은 비결이다.

셋째, 공판을 적절히 활용한다. 홈 베이킹을 할 때는 위아래 불 조절을 따로 할 수 있는 오븐을 사용하는 경우가 드물기 때문에 보통 190℃라고 한다. 내 작업실에서 사용하는 오븐은 위아래 불 조절이 가능한 전문가용 오븐이기 때문에 종류별로 불을 조절해서 사용한다. 책에서 얘기하는 190℃는 윗불 200℃, 아랫불

150℃인 경우이다. 190℃는 평균적으로 잘 굽히는 온도이다. 가정용 오븐은 위아래의 열이 같이 나오기 때문에 쿠키의 바닥색이 너무 진하게 나오는 경우가 있다. 그럴 때는 쿠키를 윗칸에서 굽고 아랫칸에는 아무것도 올리지 않은 팬을 넣어준다. 이렇게 하면 아래의 열을 차단시키는 효과가 있어 쿠키색이 잘 나온다. 여유의 팬이 없다면 실리콘 페이퍼나 오븐 사용이 가능한 종이 포일을 깔고 그 위에 반죽을 올리면 된다.

넷째, 메뉴의 종류에 따라 팬의 위치를 달리한다. 칸이 여러 개 나눠진 오븐이라면 쿠키처럼 높이가 낮은 것은 윗칸에서, 머핀처럼 높이가 있는 것은 아랫칸에서 굽는다. 낮은 것은 윗불이 센 것이 좋고 높은 것은 윗불이 너무 세면 겉은 타고 안은 잘 안익는 경우가 있기 때문이다. 네다섯 칸 이상 사용할 수 있는 오븐이라면 가장 윗칸과 아랫칸의 사용은 피하도록 한다. 오븐 열이 세기 때문에 윗면과 바닥이 타버리는 경우가 많다. 쿠키라면 위에서 두 번째, 머핀이라면 아래에서 두 번째 칸 정도를 사용하도록 한다.

다섯째, 예열은 필수이다. 아무리 강조해도 지나침이 없는 말이다. 예열이 필요 없는 오븐은 없으며, 예열 없이 쿠키를 굽게 되면 적정 온도까지 올라가는 시간이 더해져 수분이 다 날아가서 딱딱하고 맛 없는 쿠키를 먹을 수 밖에 없다. 너무 짧은 시간 예열을 하는 것도 좋지 않다. 예열이라는 것이 오븐을 잠시만 돌리는 것이 아니라 필요한 온도의 20~30℃ 근처까지 근접시켜 놓은 것이다. 190℃가 필요한 온도라면 최소한 160~170℃까지는 되어야 한다. 전기가 아깝다고 예열을 생략하거나 너무 짧게 하면 결국 아까운 쿠키 재료들만 버리게 된다.

입 만 즐거운 패스트푸드를 먹기보다 몸이 좋아하는 음
식을 스스로 만들어 먹자는 슬로푸드가 유행이다. 하
지만 할 일 많고 바쁜 현대인들이 여유를 갖고 무언가를 만
들어 먹는다는 것이 쉬운 일이 아니다. 특히 주식 종류가 아
닌 간식 종류라면 더더욱 그렇다. 하지만 조금만 찾아보고
조금만 공부하면 가족과 함께 빠르고 즐겁게 만들어 먹을
수 있는 빵과 쿠키가 얼마든지 있다.

Part 1

빠르게 만들어
맛있게 먹는 쿠키

삼색 상투과자

어른들에게 인기 만점인 간식거리로 필요한 재료의 가짓수도 얼마 안되는 간단한 메뉴이다. 대량으로 만들기에도 손쉬운 편이라 명절 등 선물할 곳이 많을 때 특히 좋다. 백앙금에 아무것도 넣지 않으면 우리가 흔히 먹는 갈색의 상투과자가 되는 것이고 녹차, 백년초, 단호박, 코코아 등 첨가하는 가루에 따라 다양한 색의 먹음직스러운 상투과자를 만들 수 있다.

재 료

백앙금 500g, 생크림 30g, 각각의 가루 1큰술(기호에 따라 조절)

만드는 법

1. 백앙금에 생크림을 넣어 골고루 섞어준다.

2. 1에 백년초 가루, 단호박 가루, 시금치 가루를 넣어 섞는데 골고루 섞어서 사용하면 각각의 가루 색이 고운 상투과자가 되고 적당히 살짝만 섞어 사용하면 마블링이 들어간 상투과자가 된다.

3. 짤주머니에 깍지를 끼우고 반 정도 접어 입을 벌린 다음 반죽을 담는다.

4. 반죽이 담긴 짤주머니는 비스듬히 말고 90° 각도로 잡아 반죽을 짜는 것이 상투과자의 모양 마무리에 좋다.

5. 팬에 예쁘게 모양내어 짠 후 오븐에 굽는다.

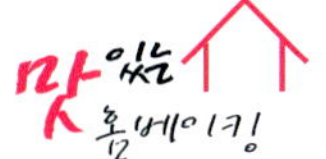

    생크림은 일종의 농도 조절용으로 없으면 넣지 않아도 되고 대신 달걀 노른자를 넣어도 된다. 생크림 외에 분유, 물엿 등 이것저것 첨가하는 레시피도 있는데 생크림만 넣어도 충분히 맛이 나고 촉촉한 상투과자를 만들 수 있다.

    간혹 상투과자를 구울 때 밑 색이 많이 나서 딱딱해지는 것이 힘들다는 경우가 있다. 그럴 때 위, 아래 불 조절이 가능한 오븐의 경우엔 아랫불은 아예 끄고 윗불만 200℃로 조절하여 굽는다. 조절이 안되는 오븐의 경우에는 여분의 팬을 하나 더 끼워 구우면 색이 좀 덜 나게 된다. 여분의 팬도 없다면 종이포일을 두어 장 깔아 열을 차단해 주는 것도 방법이 된다.

마들렌

촉촉한 빵, 달콤한 쿠키, 푹신한 케이크의 세 가지 맛을 고루 느낄 수 있는 메뉴이다.
쿠키이지만 그 촉촉함은 여느 빵에 견주어도 손색이 없을 정도이다. 프랑스의 대표 쿠
키인 마들렌은 늦은 오후의 티타임에 어울리는 쿠키로 특유의 부드럽고 달콤한 맛으로
두루 사랑받는 메뉴이다.

 **재 료**

박력분 200g, 설탕 200g, 버터 200g, 달걀 200g, 베이킹파우더 4g, 소금 1g

 **만드는 법**

1. 볼에 박력분과 베이킹파우더를 곱게 체에 쳐서 넣고 설탕과 소금을 넣어 골고루 섞어준다.

2. 1의 재료들에 달걀을 흰자와 노른자 구분 없이 넣고 골고루 섞는다.

3. 2의 반죽에 중탕으로 녹인 버터를 넣고 밀가루 멍울이 지지 않도록 잘 섞어준다. 이 때 너무 저으면 완성 후 식감의 차이가 꽤 나므로 멍울이 없을 정도로만 저어준다.

4. 마들렌 틀에 버터를 충분히 발라준다.

5. 마들렌 틀에 3의 반죽을 90% 정도만 채운다. 틀에 반죽을 넣을 때는 집에 아이스크림을 담는 스쿱이 있으면 그것을 사용하면 되고 없다면 숟가락 두 개를 이용하면 쉽게 담을 수 있다.

6. 가지고 있는 오븐에 따라 온도를 적절히 조절하여 낮은 온도에서 굽는 것이 좋다.

달콤하고 부드러운 기억, 마들렌

'마들렌' 하면 가장 유명한 얘기가 프랑스의 '마르셀 프루스트'의『잃어버린 시간을 찾아서』라는 소설이야기일 것이다. 주인공이 유년 시절을 기억하게 하는 매개물이 주일 아침 고모가 건네주던 홍차 적신 마들렌이었다. 프랑스의 대표 과자인 마들렌은 19세기 중반에 소개된 과자이다.

보통 마들렌은 셸(shell)형이라고 하여 조개껍데기 모양으로 만드는데 특별한 이유가 있는 것은 아니지만 처음 만들어졌을 때부터 이어져 내려온 모양이다. 한입 먹으면 부드러우면서 가벼운 맛과 달콤한 향이 온 입에 퍼져 자꾸 먹게 되는 것이 마들렌인데, 조금 다른 맛을 즐기고 싶다면 꿀이나 아몬드파우더, 코코아가루, 각종 채소 등을 다져 넣어도 된다.

초코 마들렌

기본 마들렌 반죽에 다른 가루 재료를 넣으면 흔히 알고 있는 황금색의 마들렌 외에도 다양한 색과 맛의 마들렌을 얻을 수 있다. 코코아를 넣으면 코코아 특유의 달콤하지만 씁쓰름한 맛을 느낄 수 있다. 새로운 것에 도전하길 좋아한다면 다른 여러 가지 가루 재료를 넣어 다양한 마들렌을 만들어 보는 것은 어떨까.

재 료

박력분 200g, 설탕 200g, 버터 200g, 달걀 200g, 베이킹파우더 4g, 소금 1g,
코코아가루 20g

만드는 법

1. 볼에 박력분과 코코아가루, 베이킹파우더를 체에 쳐서 넣고 설탕과 소금을 넣어
   골고루 섞어 준비한다.

2. 1의 가루 재료들에 달걀을 흰자와 노른자 구분 없이 넣고 가볍게
   섞는다.

3. 중탕으로 녹인 버터를 넣고 밀가루 멍울이 지지 않을 정도로만 살
   짝 섞는다. 이때 너무 섞으면 완성 후 식감의 차
   이가 많이 난다.

4. 마들렌 틀에 버터를 충분히 발라준다.

5. 마들렌 틀에 90% 정도 반죽을 채운 다음
   오븐에 굽는다.

처음 마들렌이 국내에 소개되었을 때부터 조개껍질 모양의 틀을 이용하여 만들어져 마들렌이라고 하면 조개 모양이 먼저 떠오르지만 굳이 이 모양을 고집하지 않아도 된다. 작은 은박 베이킹 컵을 이용해도 좋고 만드는 사람이 원한다면 어떤 모양의 틀도 사용 가능하다. 다만 머핀 틀처럼 큰 틀에 구우면 굽는 시간이 길어져 딱딱해지면서 맛이 없어지므로 주의한다.

마들렌을 구울 때 배가 불룩해지는 경우를 종종 보는데 이것은 마들렌을 만드는 환경에 따라 다르긴 하지만 온도가 맞지 않아서 그런 경우가 대부분이다. 일반적인 다른 쿠키처럼 190℃의 높은 온도가 아니라 170℃ 정도의 낮은 온도에서 천천히 구우면 배가 나오는 현상을 막을 수 있다. 하지만 보이는 모양이 달라져서 그렇지 배가 나왔다고 해서 마들렌의 맛이 달라지는 것은 아니다.

호두 스콘

스콘하면 빠질 수 없는 얘기가 영국의 티타임 문화이다. 퀵 브레드의 한 종류인 스콘은 점심과 저녁 사이의 공복기를 견디기 위한 티타임에서 빠져선 안될 대표 메뉴이다. 맛이나 모양은 볼품 없지만 세계적으로 사랑받는 베이킹 메뉴 중 하나이다. 특유의 담백한 맛을 좋아하는 사람도 있지만 밋밋하게 느껴지는 스콘의 맛에 선뜻 손이 가지 않는다면 각종 견과류와 건과일, 초콜릿, 치즈 등을 넣어 색다른 맛을 즐길 수도 있다.

 ## 재 료

박력분 180g, 설탕 30g, 달걀 1개, 차가운 버터 40g, 베이킹파우더 4g,
우유 30g, 호두 200g

 ## 만드는 법

1. 편평하고 넓은 용기에 박력분과 베이킹파우더를 체에 쳐서 넣고 차가운 버터를 넣은 후 자르듯이 섞어준다.

2. 버터가 완두콩 크기만하게 되면 우유에 달걀과 설탕을 넣어 푼 것을 넣고 스크레이퍼로 날가루가 없어질 때까지 자르듯이 섞는다.

3. 2에 호두를 넣고 골고루 섞어준다.

4. 반죽을 나누어 원하는 모양을 만든다. 시판되는 스콘처럼 겉이 반짝반짝하게 만들고 싶다면 윗면에 달걀 노른자를 살짝 발라준 후 구우면 된다.

맛있는 이야기

영국 티타임을 즐기는 대표적인 맛, 스콘

영국에서는 애프터눈 티(afternoon tea)라고 해서 오후 3시와 5시 사이에 일종의 간식 타임을 가진다. 19세기 초 한 공작부인에 의해 시작되어 처음엔 귀족층만 즐기던 문화였지만 점심과 저녁 사이 공복기를 해결해 줄 대안으로 떠오르면서 일반 대중에게까지 널리 퍼졌고 지금은 일종의 관습이 되어 굳어졌다.

애프터눈 티에서 빠질 수 없는 3요소가 '홍차, 클로티드 크림, 스콘' 인데 금방 구운 따뜻한 스콘에 고소한 클로티드 크림을 발라 홍차와 함께 먹으면 저녁시간까지 든든하게 보낼 수 있다.

건포도 스콘

스콘에는 건포도 외에도 블루베리, 크린베리 등 다른 건과일을
넣어도 좋다. 달달한 건과일이 다소 심심한 스콘의 맛을 달래준
다. 우리나라에는 아직 대중적이지 않지만 원래 스콘은 클로티드
크림을 발라먹어야 제격이라고 한다. 부드럽고 차가운 감촉과 고
소한 맛이 한 번 맛보면 잊을 수 없다.

재 료

박력분 300g, 설탕 20g, 달걀 1개, 차가운 버터 50g, 베이킹파우더 5g,
우유 100g, 소금 3g, 건포도 100g

만드는 법

1. 건포도는 미리 미지근한 물에 30분 정도 담가 전처리를 해둔다. 이렇게 해야 건포
   도가 반죽의 수분을 빼앗아 가는 일이 없다.

2. 체에 친 박력분과 베이킹파우더에 버터를 넣고 스크레이퍼로 자르듯이 섞어준다.

3. 버터가 완두콩 크기만하게 되면 우유에 달걀과 설탕, 소금 푼 것을 두 번 나눠 넣
   고 스크레이퍼로 날가루가 없을 때까지 자르듯이 섞는다.

4. 1의 건포도의 물기를 짜낸 후 3의 반죽에 넣고 골고루 섞어준다.

5. 반죽을 나누어 원하는 모양을 만든 후 오븐에 굽는다.

2.

3.

4.

5.

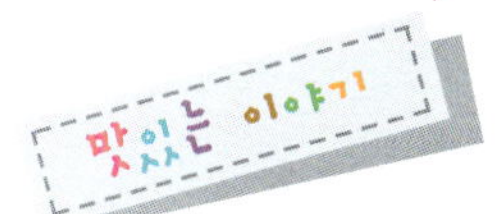

스콘을 빛내주는 맛, 클로티드 크림

영국에서 오후에 즐기는 티타임에 홍차, 스콘과 함께 빠져서는 안되는 것이 클로티드 크림
(clotted cream)이다. 저온 살균을 거치지 않은 우유를 가열하면서 얻어진 노란 크림으로 버터보
다는 부드럽고 생크림보다는 뻑뻑하다고 생각하면 된다. 엄청난 칼로리를 자랑하지만 한 번 맛보
면 도저히 그 매력에서 빠져나올 수 없다고 하는데 우리나라에서는 이 클로티드 크림을 쉽게 구할
수가 없는 것이 아쉽다.

롱코코넛 쿠키

은은하고 고소한 코코넛 특유의 향과 아삭하
게 씹히는 맛이 매력적인 쿠키이다. 밀가루 말고
아몬드 분말을 넣어 쫀득한 마카롱의 맛도 함께
맛볼 수 있도록 했다. 원하는 형태로 만들 수 있
지만 동글동글 로쉐 모양으로 만드는 것이 보기
에도 예쁘고 더 맛있어 보인다. 사랑을 전하는
발렌타인 데이에 단순한 초콜릿 말고 식힌 코코
넛 쿠키에 초콜릿을 한 겹 묻혀 선물해 보는 건
어떨까? 아마 처음 맛보는 초콜릿 맛에 감사 인
사 한 바구니 쯤은 듣지 않을까.

 **재 료**

롱코코넛 150g, 설탕 70g, 달걀 흰자 2개, 아몬드 분말 15g

 **만드는 법**

1. 달걀 흰자에 설탕을 넣고 거품기로 설탕을 녹여주면 되는데 지나치게 저어 거품이 생기지 않도록 한다.

2. 1의 설탕을 녹인 달걀 흰자에 아몬드 분말과 코코넛 슬라이스를 넣고 골고루 섞어 준다.

3. 2의 반죽을 먹기 좋은 크기로 모양을 잡아 팬에 올린다. 숟가락 두 개를 이용하여 동글동글한 공 모양으로 만들어주면 한입에 먹기에도 좋고 보기에도 좋은 모양이 된다.

1.   2.   3.   3.

밀가루 대신 코코넛 분말

홈 메이드 요리의 최대 장점이 건강한 식재료로 내 입맛에 맞는 요리를 만들어 먹을 수 있다는 것이다. 베이킹도 마찬가지이다. 맛있게 먹으면서 건강까지 챙기기 위해 빵을 굽고 쿠키를 굽는데 좋은 재료를 사용하는 것이 더 좋지 않을까.

때문에 요즘 많이 사용되는 것이 아몬드 분말과 코코넛 분말이다. 보통은 아몬드 분말을 많이 사용하는데 코코넛 분말의 사용도 권하고 싶다. 무엇인가 톡톡 씹히는 느낌도 좋고 코코넛 특유의 깨끗한 향도 좋다. 아몬드 분말이 깊은 고소함이 있어 주로 나이 드신 분들이 좋아한다면, 코코넛 분말에는 깔끔한 맛이 있어 남녀노소 두루 사랑받을 수 있다.

아몬드 쿠키

마카롱은 프랑스 고급 과자이다. 겉은 바삭하지만 속은 부드러운 맛인데 일반인들에게 많이 알려져
있지 않은 이유가 만드는 방법이 까다로워 직접 만들어 먹기가 쉽지 않기 때문이다. 쫀득한 마카롱의
맛을 잊지 못하는 사람들이라면 아몬드 쿠키를 권해 본다. 만드는 방법은 참 쉬운데 맛은 달달하고 쫀
득한 마카롱과 고소한 아몬드의 맛을 함께 느낄 수 있는 쿠키이다.

 **재 료**

아몬드 분말 10g, 아몬드 슬라이스 40g, 달걀 흰자 1개, 설탕 35g

만드는 법

1. 달걀 흰자에 설탕을 넣고 설탕이 녹을 때까지 거품기로 저어준다.

2. 1에 아몬드 분말과 슬라이스한 아몬드를 함께 넣고 고루 섞는다.

3. 팬에 2를 숟가락을 이용하여 동글납작한 모양으로 올린 다음 오븐에 굽는다.

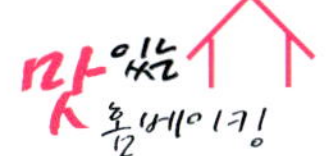

고칼로리 고지방으로 오해받는 아몬드에는 사실 콜레스테롤은 전혀 없으며 몸에 좋은 불포화 지방산을 대량 함유하고 있다. 뿐만 아니라 견과류 중 가장 많은 식이 섬유를 포함하고 있으며 칼로리도 낮아 다이어트에 좋은 음식이다.

아몬드는 통으로 사용하기도 하지만 슬라이스하거나 밀가루처럼 빻아서 가루로 만들어 활용하기도 한다. 특히 슬라이스한 아몬드나 아몬드 분말을 베이킹에 이용하면 고소한 맛뿐 아니라 아몬드의 영양까지 그대로 먹을 수 있다. 사용하는 밀가루 양의 15% 정도를 아몬드 분말로 대체하면 한결 고소한 쿠키를 구울 수 있다.

아몬드를 보관할 때는 주변의 냄새를 흡수할 수 있으므로 냄새가 많이 나는 식재료와는 함께 두는 것을 피하고 밀폐용기에 담아 시원하고 건조한 곳에 둔다.

연유 쿠키

쿠키를 만들 때 버터에 설탕 녹이는 과정이 힘들다는 분들이 있다. 쿠키 만들기를 배우는 이유가
아이에게 엄마가 직접 만든 과자를 먹이고 싶어서인데 만드는 과정이 힘들다고 느끼면 솔직히 자주
해 줄 엄두가 안난다. 그런 엄마들에게 이 연유 쿠키를 권하고 싶다. 설탕이 아닌 연유가 들어가 반
죽하기 한결 쉬운 쿠키이다. 또 설탕 대신 연유를 사용하여 이제 막 과자를 먹기 시작하는 유아들에
게도 영양면에서 더 유리하다.

 **재 료**

박력분 260g, 연유 160g, 버터 80g, 베이킹파우더 4g

🧁 만드는 법

1. 말랑한 버터에 연유를 넣고 거품기로 충분히 저어 섞어준다.

2. 1에 박력분과 베이킹파우더를 체에 쳐서 넣고 골고루 섞는다.

3. 한 덩어리로 뭉쳐 밀대를 이용하여 일정한 두께로 밀어준다. 반죽의 두께가 균일해야 팬에 올렸을 때 골고루 열을 받아 어떤 것은 타고 어떤 것은 덜 익고 하는 것을 방지할 수 있다.

4. 원하는 모양의 커터기로 찍어 오븐에 굽는데 이때 커터기 크기가 비슷한 것이 좋다. 커터기 크기가 비슷해야 쿠키의 색이 골고루 곱게 나타난다. 너무 큰 커터기와 너무 작은 커터기는 다른 팬에 올려 굽는 것이 좋다.

맛있는 홈베이킹

　우유를 진공 상태에서 농축시킨 것을 연유라고 하는데 연유에는 가당 연유와 무가당 연유가 있다. 가당 연유는 우유를 1/3 정도로 농축시키고 설탕이 40% 정도 첨가된 것이며, 무가당 연유는 당분 첨가 없이 우유를 1/2~2/5 정도로 농축시킨 것이다.
　딸기에 설탕 대신 연유를 찍어 먹거나 조금 지난 머핀이나 쿠키에 연유를 올려 먹으면 달콤한 간식을 좋아하는 이들에게 더없이 좋은 맛을 선사할 것이다.

[연유 만들기]

　보통 연유는 사 먹는 것으로 알고 있지만 집에서도 만들어 먹을 수 있다.
　일단 우유와 설탕을 5:1의 비율로 준비한다. 우유가 끓어 넘칠 수 있으므로 두껍고 큰 냄비에 우유와 설탕을 넣고 중불에서 끓이기 시작한다. 우유 거품이나 막은 중간중간 제거해 주도록 한다. 우유 거품이 올라오기 시작하면 약불로 줄이고 타지 않게 저으면서 끓여 준다. 이렇게 30~40분 정도 졸이면 미색으로 변하면서 숟가락에 묻었을 때 흐르지 않고 그대로 있는데 이 상태가 완성된 것이다. 만드는 시간은 좀 걸리지만 재료도 간단하고 첨가물이 들어가 있지 않아 마음 놓고 여러 음식에 고루 활용할 수 있다.

KFC 비스킷

학창시절 KFC에서 먹던 치킨보다 잼과 버터를 가득 바른 따뜻한 비스킷이 더 기억에 남는다. 그냥 먹으면 담백하고, 빨간 딸기잼을 발라 먹으면 달콤하고, 버터를 살짝 바르면 부드러운 맛을 느낄 수 있는 여러 가지 얼굴의 과자가 아닐까 싶다. 지치고 지루한 학창시절 패스트푸드점 창가에 앉아 따뜻한 비스킷에 버터와 딸기잼을 듬뿍 발라먹으면서 큰 위안을 얻었던 것처럼 내가 만든 빵과 쿠키가 누군가에게 작은 행복이 되길 바라본다.

재 료

박력분 300g, 베이킹파우더 4g, 차가운 버터 60g, 소금 3g, 설탕 40g,
달걀 1개, 우유 130g

만드는 법

1. 체에 친 박력분과 베이킹파우더에 차가운 버터를 넣고 버터가 완두콩 크기가 될
   때까지 스크레이퍼로 자르듯이 섞어준다.

2. 우유에 설탕과 달걀을 풀어 넣고 설탕, 소금이 녹을 때까지 골고루 섞는다.

3. 설탕과 달걀을 넣은 우유를 두 번에 나누어 1의 반죽에 넣어 스크레이퍼로 자르듯
   이 날가루가 보이지 않을 정도로만 섞는다.

4. 팬에 반죽을 일정한 크기로 떼어 모양을 잡은 후 오븐에 굽는다.

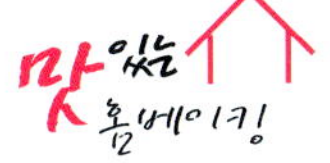

　스크레이퍼는 버터를 자르거나 반죽을 섞고 그릇에 묻은 반죽을 긁어낼 때 주로
사용하는 것으로 금속제와 플라스틱제 두 가지 종류가 있다. 금속제는 버터를 자르거나
반죽을 구분할 때, 플라스틱제는 반죽을 긁어내거나 크림이나 반죽 표면을 고르게 할
때 주로 사용한다.
　스크레이퍼를 사용할 때는 직각으로 세워 사용하기보다는 살짝 기울여 사용하는 것이
힘도 덜 들이고 반죽도 잘된다. 스콘 같은 퀵 브레드 종류는 반죽 속도도 빨라야 하고 손
의 열기로 인해 반죽에 영향을 미치면 안되기 때문에 주로 스크레이퍼를 이용해서 반죽
한다.

참깨 쿠키

일반적으로 쿠키를 만들 때 버터는 빠져서 안되는 재료라고 생각한다. 물론 제과 제빵에 있어 버터는 필수 재료 중의 하나이지만 버터를 사용하지 않고도 맛있는 쿠키를 만들 수 있는 방법이 있다. 고소한 맛에 자주 사먹게 되는 깨가 들어가 있는 쿠키의 맛과 비슷하다고 생각하면 되는데 그다지 달지는 않지만 씹을수록 고소한 맛이 입안 가득 퍼지는, 자꾸만 손이 가는 쿠키이다.

 **재 료**

박력분 140g, 아몬드가루 50g, 베이킹파우더 3g, 설탕 30g, 연유 50g, 오일 90g, 달걀 1개, 통깨 30g

🧁 만드는 법

1. 볼에 분량의 오일, 연유, 설탕, 달걀을 한꺼번에 넣고 골고루 섞어준다.

2. 1에 박력분과 베이킹파우더, 아몬드가루를 체에 쳐서 넣고 통깨도 같이 넣어 반죽한다.

3. 한 덩어리로 뭉쳐 밀대를 이용하여 일정한 두께로 반죽을 밀어준다. 반죽을 가능한 얇게 미는 것이 고소함을 배가시킬 수 있는 요령이다.

4. 원하는 모양의 틀로 찍은 후 오븐에 굽는다.

맛있는 홈베이킹

　동물성 유지인 버터가 꺼려지는 경우 식물성 유지인 오일 종류를 사용할 수 있다. 시중에 나와 있는 포도씨유, 해바라기유, 카놀라유, 옥수수유 … 모두 사용 가능하다.

　올리브유는 그 자체의 향이 강해 사용하지 않는 것이 좋다. 올리브유의 향이 빵이나 쿠키의 풍미를 해칠 수 있으며 올리브유 특유의 향을 좋아하지 않는 사람들도 있기 때문이다.

　하지만 모든 베이킹 레시피의 버터를 무작정 오일로 바꾸는 것은 옳은 베이킹 방법이 아니다. 그 메뉴를 가장 맛있게 만들기 위해 최적화된 것이 레시피인데 이 중에는 인위적으로 조절하거나 대체 가능한 재료들도 있지만 가급적 레시피에 나와 있는 재료를 사용하는 것이 좋은 방법이다.

단호박 냉동 쿠키

    노란 단호박 빛깔 속에 초록색 단호박 씨가 꼭 박혀 있어 보는 재미도 쏠쏠하고 식욕도 자극하는 쿠키이다. 쿠키류는 사실 먹을 때는 좋지만 만들기엔 조금 버거운 것들이 있다. 손으로 만든 맛있는 쿠키 하나 먹으려다 지쳐 내가 먹고 싶었던 게 뭐였는지 가물가물할 때가 있다. 그럴 때 유용한 것이 이 냉동 쿠키 종류이다. 시간 날 때 넉넉히 반죽해서 모양을 잡아 냉동실에 넣어두면 쿠키가 먹고 싶을 때 언제든 꺼내 잘라 굽기만 하면 된다.

재 료

박력분 200g, 단호박가루 30g, 버터 130g, 베이킹파우더 4g, 설탕 100g,
우유 20g, 호박씨 적당량

만드는 법

1. 버터는 상온에 미리 꺼내두어 충분히 부드럽게 만들고, 호박씨는 기름을 두르지
   않은 프라이팬에서 살짝 구워 준비한다.

2. 실온에서 말랑해진 버터에 설탕을 넣고 설탕이 녹을 때까지 충분히 저어준다.

3. 2에 박력분과 베이킹파우더를 체에 한 번 쳐서 넣고 단호박가루를 넣은 다음 조금
   섞다가 우유를 넣는다.

4. 미리 구워 준비한 호박씨를 넣고 잘 섞은 다음 팬이나 다 쓴 랩
   상자 또는 심 등에 랩으로 감싼 반죽을 넣고 모
   양을 잡아 다져준다.

5. 냉동실에서 2시간 정도 굳힌 후 적당한
   크기로 잘라 오븐에 굽는다.

**냉동 쿠키
제대로 만들기**

　냉동 쿠키는 알뜰주걱으로 날가루가 안 보일 정도로 반죽을 섞다가 손으로 꼭 잡아 반죽을 뭉쳐준다. 이때 반죽을 치대는 것이 아니라 손을 마주잡고 꾹꾹 누르는 느낌으로 해야 한다. 그래야 쿠키 반죽 중간에 빈틈이 없으며 잘랐을 때 부스러지는 것도 막을 수 있다. 사각틀을 이용해 모양을 잡을 땐 스크레이퍼를 주로 이용하는데, 이때도 4면을 돌려가며 꾹꾹 누르고 다져줘야 균열 없이 모양을 잡을 수 있다.

　반죽을 냉동고에서 굳힌 후에는 실온에서 10분쯤 두었다 잘라야 부스러지지 않고 잘 자를 수 있다. 꺼내자마자 자르면 자르기가 어려울 뿐더러 가장자리가 다 부스러진다. 또 톱질하듯이 쓱쓱 왔다갔다하면서 자르는 것이 아니라 위에서 아래로 지그시 눌러 한 번에 잘라야 부스러지는 현상이 덜 생긴다.

쇼콜라 아망디오

보통의 제과점에서는 그 집만의 독특한 메뉴들이 있기 마련이다. 하지만 어느 제과점엘 가도 쉽게 찾아볼 수 있는 쿠키가 있다. 바로 이 쇼콜라 아망디오이다. 까만 쿠키 속에 하얀 아몬드가 슬라이스되어 있어 코코아 특유의 달콤 쌉쌀한 맛과 아몬드의 고소함을 같이 느낄 수 있다. 평범한 모양이지만 평범하지만은 않은 맛. 이것이 바로 웬만한 제과점에서 쇼콜라 아망디오를 쉽게 찾을 수 있는 가장 큰 이유이다.

 **재 료**

박력분 200g, 코코아 20g, 버터 160g, 설탕 90g, 베이킹파우더 4g, 우유 40g,
아몬드 슬라이스 100g

만드는 법

1. 미리 꺼내두어 실온에서 충분히 부드러워진 버터에 설탕을 넣고 거품기를 이용하여 저어 설탕을 녹여준다.

2. 설탕을 녹인 버터에 박력분과 코코아가루, 베이킹파우더를 체에 쳐서 넣고 골고루 섞다가 우유를 넣어 날가루가 보이지 않도록 섞어준다.

3. 2에 아몬드 슬라이스를 넣고 한곳에만 아몬드가 모이지 않도록 골고루 섞일 수 있도록 반죽한다.

4. 아몬드를 섞은 반죽을 팬이나 랩심 등을 이용하여 모양을 잡고 잘 다져준 후 냉동실에서 2시간 동안 휴지시킨다. 반죽을 다질 때 랩으로 감싸면 한결 편리하다.

5. 반죽이 굳으면 적당한 크기로 잘라 오븐에 굽는다.

바삭하고 맛있는 쿠키를 굽기 위한 요령 … 첫 번째

1. 쿠키는 높은 온도에서 빠른 시간 안에 구워내야 한다. 그런데 오븐을 예열해 두지 않으면 오븐 온도가 올라가는 과정에서 반죽이 흐물흐물해질 수 있으므로 미리 오븐을 예열해 두도록 한다.

2. 레시피는 정확하게 지켜야 한다. 재료의 양을 임의로 조절하면 원하는 맛의 쿠키를 얻기 어렵다.

3. 수분이 적은 과자인 쿠키에 들어가는 가루 재료는 눅눅해지지 않도록 항상 마른 상태로 보관해야 하며 냉동 쿠키는 냉동고에서 충분히 굳힌 다음 사용해야 더 맛있는 쿠키를 구울 수 있다.

아몬드 튀일

아몬드 전병이라고 하면 쉽게 이해가 될 쿠키이다. 예전 제과점에서 근무할 때 엄마 손을 잡고 들어온 어떤 꼬마가 아몬드 튀일이 먹고 싶다며 사달라고 떼를 쓰며 우는 것을 본 적이 있다. 그때 그 꼬마 엄마는 '튀일은 선물하는 거야!'라고 했다. 그만큼 아몬드 튀일은 손이 많이 가는 쿠키 중의 하나로 집에서 쉽게 간식으로 만들어 먹기에는 과정상의 수고로움도 있지만 재료비 또한 무시 못한다. 하지만 마음을 전하고 싶을 때 단연 으뜸인 쿠키이다.

 **재 료**

박력분 15g, 버터 20g, 아몬드 슬라이스 70g, 설탕 50g, 달걀 흰자 2개

만드는 법

1. 박력분은 체에 치고, 버터는 중탕으로 녹여 준비한다.

2. 달걀 흰자에 설탕과 체에 친 박력분을 넣고 골고루 섞어준다.

3. 2에 중탕한 버터를 넣고 섞다가 아몬드 슬라이스를 넣는다. 이때 아몬드는 충분한
   양을 넣어 반죽이 흘러내리지 않도록 한다.

4. 3을 한 숟가락 떠서 팬에 놓고 숟가락을 이용하여 동그랗게 펴준 후 오븐에 굽는다.

5. 오븐에서 꺼낸 후 모양을 잡아준다. 튀일의 모양을 잡을 때는 밀대나 둥근 랩심 등
   을 이용하면 되는데 오븐에서 꺼낸 직후 모양을 잡아야지 식으면 부스러지기 쉬워
   모양이 잡히지 않는다.

2.   3.   4.   5.

맛있는 이야기

프랑스의 유명 쿠키, 튀일

프랑스에서 만드는 유명 쿠키 중의 하나가 튀일 쿠키이다. 우리의 전통 기와와는 조금 다른 듯한
모양이지만 튀일(tuile)이라는 말은 프랑스어로 기와를 뜻하는 말이다. 튀일은 다른 쿠키에 비해
매우 얇아서 만지면 금방이라도 바스라질 것 같은 쿠키이다.

우리나라에서는 달걀 흰자가 남았을 경우 튀일을 만드는 경우가 많지만 프랑스에서는 튀일을 만
들기 위해 달걀 흰자를 사용한다. 튀일을 만들 때 기본 재료 외에 아몬드를 비롯한 각종 견과류나
깨 등을 넣는데 이때 재료를 충분히 많이 넣으면 반죽이 흘러내리지 않고 예쁘게 동그란 모양을
만들 수 있다. 시간적 여유가 있다면 배합이 끝난 반죽을 밀봉하여 냉장고에서 하루 정도 휴지시
킨 후 구우면 모든 재료가 골고루 섞여 더욱 깊은 맛의 튀일을 얻을 수 있다.

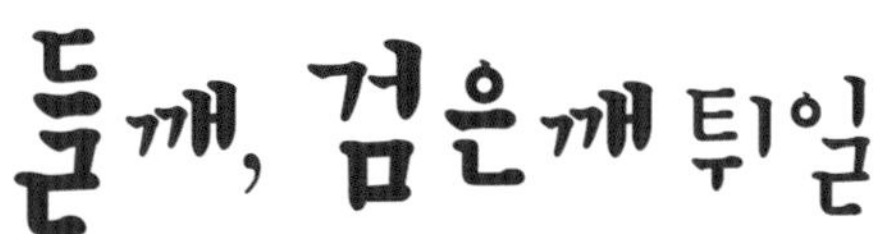 들깨, 검은깨 튀일

아몬드 튀일을 살짝 변형시킨 쿠키들이다. 자근자근
씹히는 깨의 고소함이 아몬드 튀일과는 또 다른 매력
적인 맛이다. 꼭 깨가 아니어도 넣고 싶은 재료가 있다
면 얼마든지 응용 가능하다. 튀일은 모양이 중요한데
반죽이 자꾸 흘러내려 동그랗게 모양 잡기가 어렵기도
하고 팬에 올릴 때는 괜찮았는데 다 구워졌을 때는 흐
트러져 있는 경우가 많다. 예쁜 모양의 튀일을 만들려
면 들어가는 속재료를 많이 넣으면 된다.

재 료

박력분 15g, 버터 20g, 들깨 70g(또는 검은깨 70g), 설탕 50g, 달걀 흰자 2개

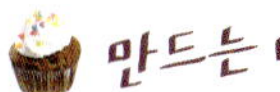

만드는 법

1. 박력분은 체에 치고, 버터는 중탕으로 녹여 준비한다.

2. 달걀 흰자에 설탕과 체에 친 박력분을 넣고 골고루 섞어준다.

3. 2에 중탕한 버터를 넣고 섞다가 들깨 또는 검은깨를 넣는다. 이때 들깨나 검은깨
   는 반죽이 뻑뻑할 정도로 충분한 양을 넣는다.

4. 3을 한 숟가락 떠서 팬에 놓고 숟가락으로 동그랗게 펴준 후 오븐에 굽는다.

5. 오븐에서 꺼낸 후 식기 전에 밀대나 랩심에 올려놓고 장갑 낀 손으로 눌러 모양을
   잡아준다.

[쿠키 맛있게 굽기]

바삭하고 맛있는 쿠키를 굽기 위한 요령 … 두 번째

1. 쿠키가 바닥만 타게 되면 쿠키 색이 날 때 팬의 위치를 돌려주거나 오븐 팬을 두 개 겹쳐 사용한다. 그 전
   에 팬에 밀가루를 묻혀 구워 보면 어디가 더 세고 약한지 파악할 수 있다.

2. 오븐에서 꺼낸 쿠키는 간격을 두고 식히는 것이 좋다. 쿠키를 겹쳐두면 금방 눅눅해진다. 다른 용기에 보관
   하고자 할 때도 충분히 식힌 다음 옮기는 것이 좋다.

3. 버터를 중탕해서 넣는 경우엔 중탕한 버터를 살짝 식혀 사용해야 반죽의 거품이 죽지 않는다.

시리얼 바

바쁜 아침 한상 차려 먹기는 힘들고 우유와 시리얼이라도 먹어야지 하고 시리얼을 사놓게
된다. 그런데 막상 바삭바삭 고소한 시리얼에 우유를 붓고 나면 식욕이 사라지는 것을 느끼
게 된다. 차가운 우유와 눅눅해진 시리얼을 입에 떠 넣고 있자면 상쾌한 하루를 보낼 수 없
을 것만 같은 기분이 들기도 한다. 또 버릴거냐고 잔소리하는 엄마에게서 벗어나고자 만들어
본 시리얼 바. 바삭한 맛에 쫀득함까지 더한 건 물론 우유와도 환상궁합이다.

 **재 료**

물엿 6큰술, 설탕 4큰술, 시리얼 2컵, 견과류 적당량

만드는 법

1. 기름을 두르지 않은 팬에 살짝만 볶아 준비한 견과류와 시리얼을 잘 섞어 준비
   한다.

2. 냄비에 설탕, 물엿을 넣고 젓지 않고 녹인다.

3. 2를 식힌 다음에 준비해 둔 시리얼과 견과류를 넣고 고루 섞어준다.

4. 3을 일정한 두께로 편평하게 밀어 단단해지도록 냉동고에서 2~3시간 동안 굳
   힌다.

5. 4를 먹기 좋게 막대 모양으로 잘라 완성한다.

※ 시리얼 대신 한국 전통 튀밥을 이용해도 된다.

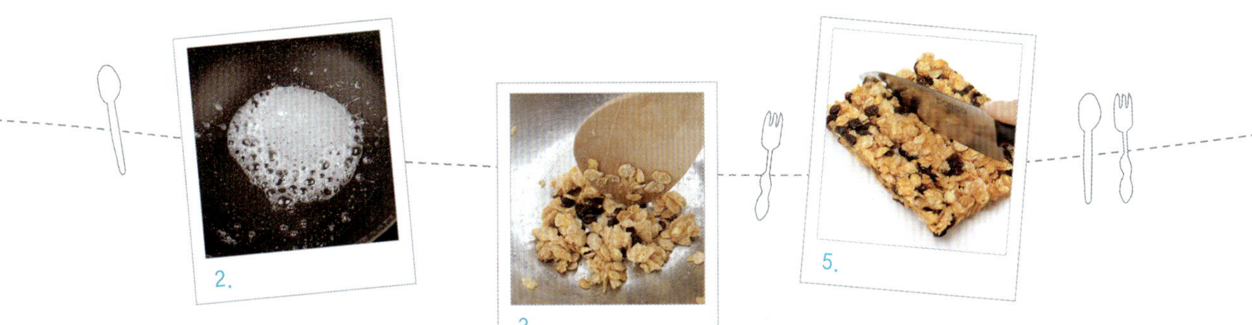

2.

3.

5.

바삭하고 맛있는 쿠키를 굽기 위한 요령 … 세 번째

1. 모양 잡은 쿠키를 팬에 옮기는 과정에서 모양이 많이 흐트러지게 되는데 이때 손으로 하지 말고 얇은 칼이
   나 도구를 사용하여 한 손으로 반죽을 받친 채 옮기면 된다.

2. 다 구운 과자를 옮기는 과정에서 부스러지거나 모양이 망가질 수도 있다. 그럴 땐 구울 때 팬에 바로 올리
   지 말고 실리콘페이퍼나 종이포일을 깔고 그 위에 올려 구우면 떼어낼 때 한결 수월하다.

바삭한 초코칩 쿠키

쿠키라고 했을 때 흔히들 떠올리는 쿠키가 몇 개 있다. 그 중 하나가 바로 이 초코칩 쿠키이다. 베이킹에 관심 있는 사람이라면 누구나 한번쯤은 만들어 봤을 쿠키로 아이들과 함께 만들면 특히나 좋아하는 쿠키이다. 큼직하게 만들어 손에 들고 먹는 것도 즐겁겠지만 떨어지는 부스러기가 신경 쓰인다면 한입에 쏙 들어가게 작게 만들어 보자.

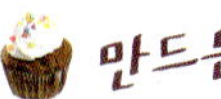 **재 료**

박력분 250g, 베이킹파우더 6g, 설탕 150g, 초코칩 120g, 버터 185g, 달걀 1개,

만드는 법

1. 상온에 2~3시간 전에 꺼내 버터를 마요네즈와 같은 부드러운 상태로 만든다.

2. 부드러운 버터에 설탕을 넣고 거품기로 충분히 저어 설탕을 녹여준다.

3. 달걀은 노른자 먼저 넣고 젓다가 다시 흰자를 두 번 정도 시간 간격을 두고 나눠 넣으며 저어준다.

4. 박력분과 베이킹파우더를 체에 쳐서 넣고 주걱으로 가볍게 자르듯이 섞는다.

5. 날가루가 보이지 않으면 초코칩을 넣고 주걱으로 가볍게 섞은 후 팬에 먹기 좋은 크기로 간격을 두고 반죽을 올려 오븐에 굽는다.

2.

3.

4.

**버터, 제대로
사용하기**

　우유에서 지방을 분리시키고 크림을 세게 휘저어 반고형으로 만든 것이 버터이다. 신선한 버터는 상온에 두어도 공기방울이나 물방울, 덩어리진 것이 없고 끈적이지 않으며 쉽게 부서지지 않는다. 버터는 냉장 상태에서는 3~4개월, 냉동 상태에서는 6~12개월 정도 보관 가능하다.

　버터를 사용할 때는 미리 꺼내어 마요네즈와 같은 부드러운 상태로 만드는 것이 좋다. 버터를 꺼내 두는 것을 잊었다면 인위적으로 열을 가해 녹이는 것보다 전자레인지에서 5~10초간 두 번 정도 돌려 부드럽게 만들어 사용하도록 한다.

　버터는 제조 과정에서 방부제를 사용하지 않는 무염버터와 1.5~2% 정도 소금을 첨가한 가염버터로 나누어진다. 무염버터는 방부제를 사용하지 않아 유통 기간이 짧으며, 가염버터는 소금이 방부제의 역할을 해 냉장 상태로 5개월 정도 보관 가능하다.

손반죽 샤브레 쿠키

'저도 집에서 쿠키 만들어 먹고 싶은데 어렵지 않나요? 재료도 많이 들고 시간도 많이 들어 힘들 것 같아서… 그래서 저는 마트에서 파는 믹스를 사서 쿠키 구워 먹어요.' 하는 사람이 있다면 꼭! 만들어 보라고 권하고 싶은 쿠키이다. 볼에 준비한 재료를 한 번에 넣고 섞으면 끝이다. 이렇게 간단한데 맛이 의심된다면 일단 먹어보기를 권한다. 이제 쿠키 만들기가 어렵다는 편견을 버리자. 쉽게 만들어 맛있게 즐길 수 있는 쿠키가 얼마든지 있다.

재 료

박력분 100g, 버터 80g, 설탕 30g, 아몬드가루 30g, 우유 10g, 장식용 설탕 약간

만드는 법

1. 박력분과 아몬드가루를 섞어 체에 두 번 내린 후 여기에 버터, 설탕, 우유를 넣고 손으로 골고루 섞는다.

2. 손으로 날가루가 없어질 정도로 주물러 한 덩어리로 만들어 준다.

3. 같은 크기로 반죽을 떼어 동글동글하게 빚은 다음 살짝 눌러 납작한 모양으로 만든다.

4. 한쪽으로 설탕을 살짝 찍는 느낌으로 발라 오븐에 굽는데 설탕은 찍지 않아도 된다. 설탕을 과하게 찍으면 지나치게 단 쿠키가 되므로 주의한다.

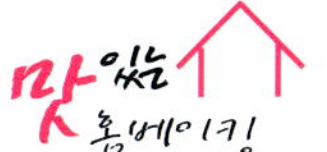

**밀가루
종류별 특성**

　빵과 과자를 구울 때 가장 중요한 재료라고 할 수 있는 밀가루의 종류별 특성에 대해 알아보자. 일반적으로 밀가루는 도정을 거의 하지 않은 통밀가루, 단백질 함량이 제일 높은 강력분, 중간 정도의 단백질 함량을 가진 중력분, 단백질 함량이 가장 낮은 박력분으로 나눌 수 있다.

　통밀가루는 밀가루 자체의 영양은 거의 살아 있으나 만드는 과정에서 불편한 점이 있고 식감이 거친 편이다. 강력분은 강력한 단백질 구조가 필요한 빵에 사용하고, 중력분은 수제비, 만두 등 밀가루가 필요한 거의 모든 경우에 사용할 수 있다. 박력분은 바삭한 식감을 필요로 하는 쿠키 종류와 부드러운 식감을 위한 케이크 종류에 사용한다.

견과류 앙금 쿠키

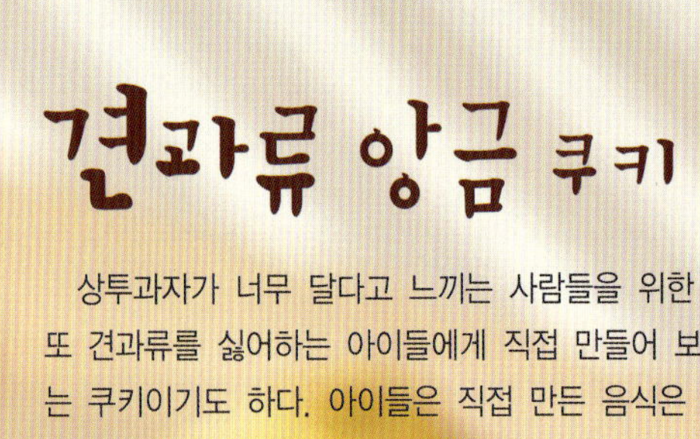

상투과자가 너무 달다고 느끼는 사람들을 위한 쿠키이다.
또 견과류를 싫어하는 아이들에게 직접 만들어 보기를 권하
는 쿠키이기도 하다. 아이들은 직접 만든 음식은 당연히 맛
있는 음식, 좋은 음식이라고 생각하는 경향이 있다. 한입에
쏙 들어가는 동글동글 작고 예쁜 모양으로 빚어 달걀 노른자
칠만 해주면 준비 끝~. 맛있게 먹기만 하면 된다.

재 료

백앙금 200g, 견과류(호박씨, 해바라기씨, 아몬드 슬라이스, 호두, 잣 등) 100g, 달걀 1개

만드는 법

1. 견과류는 예열된 오븐에서 10분 또는 기름을 두르지 않은 프라이팬에서 3분 정도 살짝 볶아 준비한다.

2. 백앙금에 구워둔 견과류를 골고루 섞는다.

3. 2를 조금씩 떼어 일정한 크기의 동그랑땡 모양으로 빚어준다.

4. 윗면에 달걀 노른자를 바르고 오븐에 굽는다.

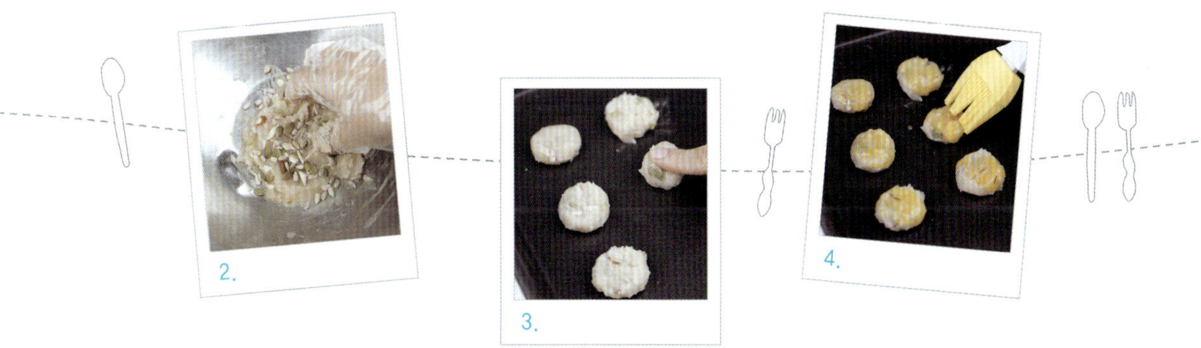

2.

3.

4.

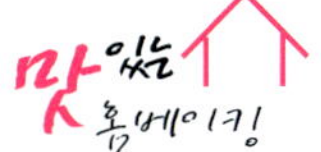

앙금 특성 알고 이용하기

팥을 부드럽게 삶아 설탕이나 다른 기능성 당류를 넣어 가열해서 졸여 수분을 증발시켜 얻어지는 것이 앙금이다.

앙금을 베이킹에 사용할 때는 그 특성에 따라 구별하여 사용하는 것이 좋다. 앙금에 사용되는 당류는 뜨거울 때는 녹아서 점도가 낮아 앙금이 질게 느껴지지만 식으면 우리가 흔히 알고 있는 된 앙금의 형태가 된다.

빵을 만들 때는 점도가 낮아 약간 진 느낌의 앙금을 사용하는 것이 좋고, 만주나 찹쌀떡, 쿠키 등을 만들 때는 충분히 식어 점도가 높은 앙금을 사용하는 것이 좋다.

코코넛 스틱 쿠키

은은하고 고소한 코코넛 향이 코를 자극해서 나도
모르게 자꾸만 손이 가는 쿠키이다. 시중에서 쿠크다스
라는 이름으로 판매되며 오랫동안 사랑받고 있기도 하
다. 부드러워서 유아 간식으로 알맞은데 아이들이 쉽게
쥐고 먹을 수 있도록 긴 막대 모양으로 만들면 좋다.
취향에 따라 바닐라 크림이나 초코 크림을 발라 두 개
를 샌드해 먹어도 된다.

 **재 료**

박력분 100g, 슈거파우더 60g, 코코넛가루 20g, 물엿 30g, 달걀 흰자 1개,
버터 100g

만드는 법

1. 볼에 물엿과 버터, 슈거파우더를 넣고 거품기를 이용하여 저어준다.

2. 1에 달걀 흰자를 두 번 나누어 넣고 거품기로 골고루 섞어
   준다.

3. 박력분과 코코넛 가루를 섞어 두 번 체를 쳐 놓는다.

4. 3의 가루를 2에 넣고 주걱으로 날가루가 보이지 않을 때
   까지 자르듯이 섞는다.

5. 납작한 일자 깍지를 끼운 짤주머니에 반죽을 넣고 일정한
   크기로 짜서 오븐에 굽는다.

※ 주의 : 두께가 얇은 쿠키이기 때문에 주의 깊게 살펴봐야 한다. 1분이 무섭게 색이 변할
   수 있다.

맛있는 이야기

쿠크다스(Couque d'Asse)

쿠크다스는 벨기에 아스지방의 맛있는 쿠키를 뜻하는 말이다. 길쭉하게 짜
서 구운 모양 그대로 먹어도 되지만 시판되는 쿠키처럼 화이트 크림을 샌드
해 먹어도 된다. 화이트 크림에 들어있는 버터의 느끼함이 싫다면 초콜릿 크
림을 넣어 먹어도 맛있다. 반죽 시 코코아가루나 녹차, 백년초 등 다양한 색의 가루
를 넣어 만들어도 색다른 쿠키의 맛을 즐길 수 있다. 다른 가루 종류를 넣을 때는 밀가루 양의
5~10% 정도를 넣고 그만큼 밀가루 양을 조절해서 반죽한다.

자색 고구마 쿠키

쿠키라고는 하지만 다식으로 더욱 인기가 좋은 쿠키이다. 만드는 사람에
따라 쿠키의 크기 조절이 가능하고 단호박과 자색 고구마를 사용하여 색감
이 화려해 차를 즐기는 어른들에게 다식으로 선물하기 좋다.

재 료

겉 : 박력분 100g, 베이킹파우더 1g, 버터 60g, 달걀 노른자 1개, 자색 고구마
　　가루 20g, 슈거파우더 50g

속 : 박력분 200g, 베이킹파우더 1g, 버터 120g, 달걀 흰자 1개, 단호박가루
　　20g, 슈거파우더 100g

만드는 법

[겉]

1. 말랑한 버터에 슈거파우더를 넣고 젓다
　가 달걀 노른자를 넣고 섞는다.

2. 박력분과 베이킹파우더, 자색 고구마가
　루를 체에 쳐서 넣고 날가루가 보이지
　않게 섞어준다.

3. 한 덩어리로 뭉쳐서 넓게 밀어 놓는다.

[속]

4. 말랑한 버터에 슈거파우더를 넣고 젓다가 달걀 흰자를 넣고 섞는다.

5. 박력분과 베이킹파우더, 단호박가루를 체에 쳐서 넣고 날가루가 보이지 않게 섞어
　준다.

6. 한 덩어리로 뭉쳤다가 원기둥 모양으로 둥글고 길게 만들어둔다.

7. 3의 넓게 밀어둔 반죽에 6의 원기둥 모양의 반죽을 넣고 감싸준다.

8. 냉동실에서 2시간 정도 휴지시켰다가 잘라 오븐에 굽는다.

간 만에 맞이하는 휴일이라면 실컷 자고 일어나 간단하게 챙겨 먹고 싶을 때가 있다. 아니면 날씨 좋은 휴일 낮, 간단한 도시락을 싸서 가까운 공원으로 소풍을 가고 싶기도 하다. 그럴 때는 거창하고 만들기 번거로운 메뉴보다 가볍게 즐길 수 있는 음식이 필요하다.

이번 장에서는 브런치나 가벼운 소풍용 도시락으로 준비하기 좋은 빵과 샌드위치들로 구성해 보았다.

Part 2

든든한 한 끼 식사
빵 & 샌드위치

동서남북 빵

아침마다 한상 차려먹기 부담스러워 빵을 먹긴 하지만 사 놓은지 얼마 지나면 퍼석퍼석 까끌까끌한
빵이 지겨웠던 사람들이라면 한번 만들어 보기를 바란다. 쌀 씻는 시간에 반죽하고 밥 되는 시간에 구
워내면 따끈따끈 맛있는 빵 만들기 끝! 빵 만들기가 이렇게 쉽다니. 향긋한 커피 한 잔과 금방 구워
따끈따끈한 빵에 버터를 발라 고소하게 먹거나 잼을 발라 달콤하게 즐겨보자.

재 료

중력분 300g, 통밀 300g, 달걀 1개, 소금 4g, 설탕 50g, 베이킹파우더 15g,
플레인 요거트 600g

만드는 법

1. 준비한 플레인 요거트, 달걀, 설탕, 소금을 한 번에 넣고 거품기로 섞어준다.

2. 넓은 볼에 중력분과 통밀, 베이킹파우더 등 가루 재료들을 체에 쳐서 넣고 1의
   재료를 넣어 주걱으로 대충대충 섞는다.

3. 반죽을 일정한 크기로 4등분하여 모양을 잡는다.

4. 작은 체를 이용하여 반죽 위에 밀가루를 뿌린다.

5. 4 위에 열십자 모양으로 칼집을 낸 후 오븐에 굽는다.

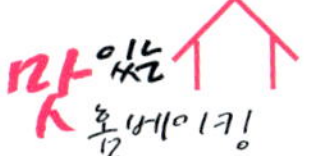

사용되는 요거트가 꼭 플레인 요거트여야만 하는 것은 아니다. 시중에 나와 있는 다른 어떤 요거트라도 상관없다. 하지만 딸기맛 요거트를 사용하면 빵에서 딸기향과 맛이 날 수 있으므로 담백하고 깔끔한 빵 본연의 맛을 느끼기 위해서는 가급적이면 플레인 요거트를 사용하길 권한다. 간혹 칼집으로 모양을 내고 밀가루를 뿌리는 경우도 있는데, 반대로 밀가루를 뿌리고 칼집을 내는 것이 칼집 표시가 잘 날 수 있는 방법이다.

시나몬롤 비스킷

은은한 듯 알싸한 시나몬 특유의 향을 좋아하는 사람이라면, 평소 시나몬 빵을 좋아했지만 집에서 빵 만드는 것이 부담스러웠던 사람이라면, 추천하고 싶은 메뉴이다. 힘들고 까다로운 발효 과정을 거치지 않아도 시나몬 빵 맛을 고스란히 지니고 있다. 오븐에서 꺼내 따끈따끈할 때 꿀이나 시럽을 뿌려주면 더욱 더 먹음직스러워진다.

재 료

박력분 2컵, 설탕 2큰술, 베이킹파우더 10g, 소금 2g, 오일 80g, 우유 3/4컵,
설탕 1/3컵

속 : 버터 10g, 흑설탕 30g, 견과류 50g, 꿀 10g, 덧가루용 강력분 소량

만드는 법

1. 넓은 볼에 속 재료를 제외한 계량한 재료들을
   모두 넣는다.

2. 손으로 반죽을 섞어 손에 묻지 않을 정도로
   만 치대준다.

3. 2의 반죽을 밀대를 이용하여 1cm 정도의 두
   께로 균일하게 밀어준다.(덧가루를 준비해서
   뿌려준다.)

4. 3의 반죽에 다른 재료들과 반죽이 잘 붙을
   수 있도록 버터를 고루 얇게 바른다.

5. 4에 속 재료(흑설탕, 견과류)를 골고루 뿌리
   고 김밥 말듯이 돌돌 말아준다.

6. 스크레이퍼를 이용하여 2cm 두께로 자른다.

7. 빵의 잘린 단면이 보이도록 은박 접시에 모양내어 담는다.

8. 굽고 난 후 뜨거울 때 위에 꿀을 뿌려준다.

2.

3.

6.

7.

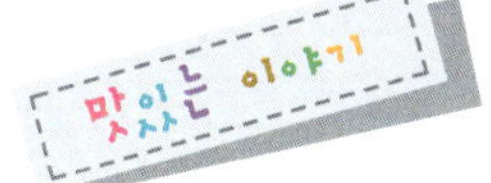

퀵 브레드(quick bread)

퀵 브레드는 베이킹파우더 같은 화학적 팽창제를 이용하여 빨리 부풀게 하여 만든 빵류를 일컫
는 말이다. 일반적인 빵 종류들이 반죽하는 시간이나 발효 시간 외에도 여러 외부 요인들 때문에
집에서 간편하게 만들어 먹기 힘들었던 것에 반해 퀵 브레드는 비교적 균일하고 쉽게 그리고 무엇
보다 빨리 만들 수 있다는 장점이 있다. 베이킹파우더나 베이킹소다, 유지, 액체 재료를 기본으로
하고 여기에 향이나 씹히는 맛을 더하기 위한 재료들이 있으면 거의 대부분의 퀵 브레드를 구울
수 있다.

햄치즈 브레드

이름은 햄치즈 브레드라 했지만 들어가는 재료는 상황에 따라 취향에 따라 얼마든지 변형
가능하다. 이 역시 발효가 따로 필요 없는 퀵 브레드이므로 냉장고에서 방황하고 있는 재료
들을 모아 유치원에서 혹은 학교에서 아이들이 오기 전 후다닥 만들어 보자. 금방 만들어 따
뜻한 빵과 우유 한 잔은 아이들에게 더없이 행복한 오후를 만들어 준다.

재 료

박력분 200g, 햄 50g, 슬라이스 치즈 2장, 달걀 1개, 소금 1g, 설탕 2g,
베이킹파우더 10g, 오일 10g, 생크림 50g

만드는 법

1. 분량의 오일, 생크림, 설탕, 소금, 달걀을 한꺼번에 넣고 설탕과 소금이 녹을 때까지 거품기로 골고루 젓는다.

2. 볼에 박력분과 베이킹파우더를 체에 쳐서 넣고 1의 재료를 넣은 다음 주걱으로 가볍게 반죽한다.

3. 2에 치즈와 햄을 썰어 넣고 주걱으로 가볍게 섞는다.

4. 빵틀에 70~80% 정도 반죽을 채우고 슬라이스 치즈와 햄을 잘라 덮은 다음 오븐에 굽는다.

흑설탕 건포도 빵

재 료 중력분 150g, 달걀 2개, 흑설탕 100g, 소금 1/4작은술, 생크림 70g, 오일 60g, 시나몬가루 1/4 작은술, 베이킹파우더 2g, 베이킹소다 2g, 호두 35g, 건포도 50g

만들기
1. 달걀은 흰자, 노른자 구분 없이 한번에 넣고 흑설탕을 넣은 다음 설탕이 녹을 때까지 저어준 후 소금을 넣는다.

2. 오일을 넣고 섞다가 생크림을 넣은 후 가루 재료를 체에 쳐서 넣고 가볍게 섞는다.

3. 미지근한 물에 불려 둔 건포도와 호두를 넣어 날가루가 보이지 않을 정도로 섞는다.

4. 틀에 반죽을 넣고 살살 내리쳐 공기를 뺀 후 170℃ 오븐에서 35분 정도 굽는다.

계란빵

채소빵과 달걀빵의 맛있는 만남이랄까? 달걀빵의 비릿한 맛과 향 때문에 달걀빵을 그다지 즐기지 않던 사람이라도 맛있게 한입 베어물 수 있는 맛이다. 후다닥 반죽을 하고 동글동글 달걀 노른자가 보이도록 올리고 마요네즈와 케첩을 보기 좋게 뿌린 다음 파슬리와 당근을 곱게 다져 올리면된다. 형형색색 파프리카를 올려도 먹음직스럽다.

 **재 료**

박력분 80g, 달걀 4개, 꿀 20g, 오일 10g, 베이킹파우더 4g, 소금 4g

장식용 : 마요네즈 2큰술, 케첩 2큰술, 파슬리 약간, 당근 적당량

만드는 법

1. 분량의 오일과 꿀, 소금, 달걀 흰자를 함께 거품기로 이용하여 골고루 섞는다.

2. 박력분과 베이킹파우더를 체에 쳐서 넣고 주먹으로 가볍게 섞어준다.

3. 틀에 2의 반죽을 붓고 달걀 노른자를 올린다. 이때 달걀 노른자가 터지지 않도록 주의한다.

4. 노른자 주위로 당근을 다져 뿌리고 마요네즈와 케첩을 번갈아 지그재그로 뿌려준다. 곱게 다져 물기를 제거한 파슬리를 중간중간 뿌려 마무리한다.

5. 예열된 오븐에서 구워낸다.

※ 틀이 없다면 가정에서 사용하는 작은 내열 용기도 괜찮다. 은박접시나 은박도시락 작은 것을 이용해도 된다.

맛있는 홈베이킹　　　**계란빵** 위에 올리는 마요네즈와 케첩은 보통 1:1 비율로 뿌려주면 되지만 취향에 따라 얼마든지 조절 가능하다. 마요네즈 한 번, 케첩 한 번 뿌린 다음 그 위에 파슬리를 뿌려주는 순서로 하면 된다. 가지고 있는 재료나 취향에 따라 콘 옥수수나 피망 등을 잘게 썰어 넣어도 좋다.

아일리시 브레드

아일랜드인들이 즐겨 먹는다는 아일리시 브레드. 과정이 까다롭고 복잡해 빵 만들기를 꺼렸던 사람이라도 자신있게 만들 수 있는 빵이다. 한번 만들어보면 쉽게 만들기 때문에 즐겨 먹는 것이 아닐까 하는 생각이 든다. 한창 딸기가 많이 나는 계절에 맛있는 잼을 만들어 두었다가 어느 겨울날 오후, 금방 구운 아일리시 브레드와 함께 내어보자. 집안에서만 보내던 무료한 시간을 가족들의 웃음소리로 채울 수 있을 것이다.

 **재 료**

중력분 3컵, 베이킹파우더 10g, 소금 1큰술, 설탕 1/2컵, 달걀 1개, 우유 2컵,
식초 2큰술, 오일 60g

만드는 법

1. 우유와 식초를 넣고 섞어 5분쯤 그냥 둔다.

2. 1의 우유와 식초 섞은 것에 오일, 달걀, 소금, 설탕을 넣고 골고루 섞어준다.

3. 체에 친 중력분과 베이킹파우더를 넣고 주걱으로 자르듯이 가볍게 섞어준다.

4. 반죽을 4등분하여 떼어낸 후 둥글려 모양을 잡는다.

5. 작은 체를 이용하여 반죽 위에 밀가루를 뿌린 후 칼집을 넣어 굽는다.

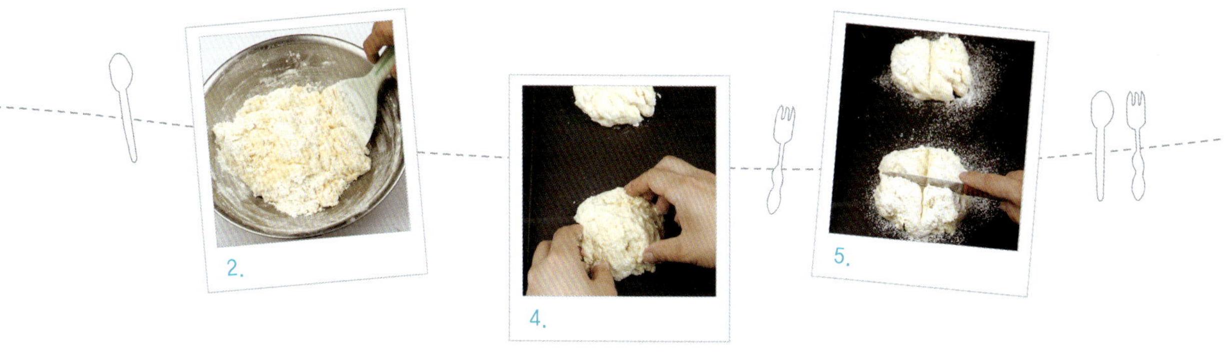

2.

4.

5.

맛있는 이야기

영국 음식 문화의 특징

영국은 같은 영어 문화권인 미국에 비해 아침식사를 푸짐하게 먹는 편이다. 과일주스, 시리얼, 베이컨과 달걀을 비롯해 소시지와 달걀프라이에 훈제 청어와 토마토까지 꽤 잘 챙겨 먹는다. 영국식 빵은 베이킹파우더 같은 화학적 팽창제를 이용하여 간단하고 빠르게 만드는 것이 특징이다. 그래서 영국에서는 빵, 케이크, 쿠키, 크래커 등을 통칭하는 말로 '비스킷' 이라는 단어를 사용한다.

영국은 기후적 특성으로 감자 농사가 발달하였는데 이 때문에 감자와 관련한 요리법이 비교적 다양한 편이다. 영국 음식 문화에서 빼놓을 수 없는 것이 차 문화이다. 식전, 식후, 식간, 수시로 차를 마시는데 특별한 이유가 있어서라기보다 오래 전부터 일종의 관습으로 굳어져 온 것이다.

잡곡 샌드위치

꺼끌꺼끌한 잡곡빵에 생야채와 기본적인 소스만으로 만드는 샌드위치가 무슨 맛이 있을까. 의심하시는 분들 한번 맛본다면 아~ 하는 감탄사가 절로 나올 것이다. 각종 재료와 소스로 범벅되어 담백한 맛과는 거리가 먼 샌드위치가 싫은 사람이라면 더더욱 권하고 싶은 샌드위치이다.

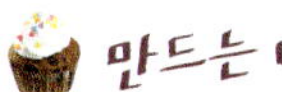 **재 료**

잡곡 식빵 2장, 머스터드 소스 1작은술, 마요네즈 1작은술, 슬라이스 햄 1장,
양상추 3장, 오이 1/4개, 토마토 1/4개, 피클 6개, 슬라이스 치즈 1장

만드는 법

1. 머스터드와 마요네즈를 1:1 비율로 섞어 만든 소스를 빵의 안
   쪽 면에 골고루 발라둔다.

2. 양상추는 잘게 찢어 물기를 제거한다.

3. 오이는 0.5cm 정도로 어슷하게 썰어 키친타월로 살짝 눌러
   물기를 제거한다. 이때 소금은 따로 뿌리지 않아도 된다.

4. 토마토는 1cm 정도로 도톰하게 썰어 키친타월로 눌러 물
   기를 제거해 둔다.

5. 피클은 미리 체에 밭쳐 물기를 충분히 제거해 사용한다.

6. 소스를 바른 식빵 위에 양상추, 햄, 오이, 토마토, 피클, 치즈 순으로 올린 후 다른
   식빵으로 덮어 먹기 좋게 반으로 자른다.

7. 금방 먹을 것이 아니라면 랩이나 유산지 등으로 싸 놓는다.

샌드위치의 유래와 종류

    사실 샌드위치 형태의 음식은 로마시대부터 있어왔지만 오늘날
같은 조리법과 샌드위치라는 이름으로 불려지게 된 데에는 그 유명
한 샌드위치 백작 때문이다. 카드 놀이에 심취해 있던 샌드위치 백작
이 빵의 가운데를 잘라 그 사이에 야채와 구운 고기를 넣어 간단하게 먹으면
서부터 널리 알려지게 됐다는 것이다. 처음에는 그렇게 간단하게 시작되었지만 오늘날은 그 종류
와 응용 범위가 매우 다양하다. 만드는 형태에 따라 종류를 나눠보면 두 장의 빵 사이에 내용물을
넣는 것을 클로즈드 샌드위치, 빵 위에 내용물을 얹는 것을 오픈 샌드위치라고 한다. 빵 세 장에
속을 넣는 것은 더블데카, 네 장에 넣는 것을 쓰리데카 샌드위치라고 부른다.

플라워 샐러드 샌드위치

머핀틀에 가장자리를 잘라낸 식빵을 넣고 구워내 예쁜 식빵 바구니를 만든 후 평소 아이들이 즐기지 않는 파프리카, 당근 등등의 채소를 썰어 넣은 후 마요네즈로 가볍게 버무려 넣는다. 그 다음은 아이들과 맛있게 냠냠~ 아이들은 시각적 자극에 약한 편이다. 평소 채소를 잘 먹지 않던 아이들이라도 예쁘게 만들어 주거나 자기 손으로 직접 만들게 하면 너무나 좋아한다.

 ## 재 료

식빵 4장, 맛살 1개, 캔 옥수수 50g, 파프리카 1/2개, 마요네즈 2큰술

 ## 만드는 법

1. 식빵은 가장자리를 잘라내고 사방 모서리에 칼집을 넣는다.

2. 1의 식빵을 머핀 틀에 넣고 꾹꾹 눌러 모양을 잡아 구워준다.

3. 캔 옥수수는 체에 밭쳐 물기를 제거한다.

4. 파프리카는 깨끗이 씻어 씨를 제거하고 옥수수알 크기로 잘라 물기를 제거한다.

5. 맛살도 옥수수 크기로 자른다.

6. 준비된 속재료(캔 옥수수, 파프리카, 맛살)에 마요네즈를 넣어 골고루 버무려 준다.

7. 구운 식빵을 틀에서 꺼낸 후 마요네즈로 버무린 속재료를 보기 좋게 넣어 마무리한다.

맛있는 홈베이킹

샌드위치의 맛을 살리는 소스 만들기

샌드위치에 사용되는 소스는 몇 가지 기본 공식만 알면 집에서도 얼마든지 맛있게 만들 수 있다.

마요네즈를 기본으로 고추냉이를 잘게 썰어 넣으면 매콤한 맛이 나는데 참치나 고기 패티에 어울리는 소스이다. 프렌치 드레싱을 넣으면 감자, 단호박 샐러드에 어울리는 새콤한 맛의 소스가 완성된다. 마요네즈와 머스터드 소스를 섞으면 개운한 맛이 나 생선이나 육류를 사용한 샌드위치에 잘 어울린다. 토마토 케첩에 핫 소스와 다진 토마토를 더하면 상큼한 맛의 소스가 만들어지고, 생크림과 과일잼을 섞으면 달콤한 맛의 소스가, 우유와 땅콩버터를 섞으면 고소한 맛이, 꿀과 플레인 요거트 머스터드를 섞으면 달콤한 맛의 소스를 만들 수 있다. 다양한 재료가 들어가는 샌드위치에는 머스터드와 버터를 섞은 소스가 어울린다.

김밥 샌드위치

샌드위치 속재료들을 넣다보면 자꾸 속이 빠져서 샌드위치 모양이 미워진다는 사람들에게 적극 추천하는 메뉴이다. 한쪽 면을 자른 바게트에 속을 만들어 채워 넣기만 하면 된다. 감자 샐러드를 넣어도 좋고 새로이 속을 만들어도 된다. 날 좋은 봄날 후다닥 만들어 가까운 공원에 들고 나가 보자. 매일 먹던 샌드위치와는 또 다른 즐거움을 안겨줄 것이다.

 **재 료**

바게트 빵 1/2개, 감자 1개, 오이 1/4개, 당근 1/4개, 파프리카 1/2개, 피클 1줌,
햄 20g, 마요네즈 2큰술, 소금 약간

🧁 만드는 법

1. 바게트는 위, 아래를 잘라내고 포크를 사용하여 속을 파낸다.

2. 감자는 소금을 넣고 삶는다. 감자가 식으면 포크나 매셔로 곱게 으깨둔다.

3. 오이, 파프리카, 피클은 곱게 다지고 키친타월로 물기를 충분히 제거하도록 한다.

4. 당근과 햄도 곱게 다져 준비한다.

5. 준비한 재료들에 마요네즈를 넣어 잘 버무려 준다.

6. 속을 파낸 바게트에 버무린 속재료를 꼼꼼히 채워 넣는다.

7. 한입에 먹을 수 있도록 보기 좋게 썰어낸다.

**맛있는
샌드위치 빵
고르기**

　뭐니뭐니 해도 샌드위치의 기본은 빵이다. 예전에는 기본 식빵을 주로 이용했지만 고정관념을 조금만 버리면 다양한 맛과 모양의 샌드위치를 만들 수 있다. 식빵은 샌드위치나 토스트를 만드는데 가장 많이 쓰이는 빵으로 부드럽고 담백해 어떤 소스, 어떤 내용물과도 잘 어울린다.

　베이글은 담백하고 쫄깃한 맛으로 크림치즈를 발라 먹기도 하고 부재료를 넣어 먹기도 하는데 지방과 당분이 거의 없어 다이어트 빵으로 인기가 좋다. 담백하고 부드러워 아침에 먹기 좋은 모닝롤은 미니 햄버거를 만들거나 잼이나 버터를 발라 먹어도 좋다.

　바게트는 겉은 딱딱하지만 속은 부드러워 씹을수록 쫄깃한 맛이 느껴지는 것이 특징인데, 반을 갈라 속을 넣고 샌드위치를 만들어 먹어도 좋고 속을 파내고 샐러드 등을 넣어 먹어도 좋다.

바게트 샌드위치

    샌드위치가 맛있고 간편하긴 하지만 각종 소스와 재료들 때문에 다이어트로 고민 중인 사람들이라면 선뜻 손이 가지 않는다. 샌드위치의 칼로리가 무서운 사람들이라면 이 바게트 샌드위치는 그런 걱정은 잠시 접어두어도 된다. 샌드위치보다 담백한 샐러드를 먹는 느낌? 머스터드 소스만 가볍게 바르고 신선한 생야채들을 그대로 사용하여 아삭한 식감이 샌드위치를 다 먹을 때까지 기분 좋게 한다.

 **재 료**

바게트 1/2개, 적양배추(적채) 1/8통, 치커리 5줄기, 양상추 5장, 슬라이스 햄 2장,
슬라이스 치즈 2장, 피클 10개, 머스터드 소스 적당량

 **만드는 법**

1. 바게트는 속을 채워 넣어야 하므로 배를 갈라서 끝이 잘리지 않게 조심하면서
   속을 파낸다.

2. 속에 넣을 야채는 깨끗이 씻어 물기를 제거한 후 적양배추는 채썰고, 양상추는
   손으로 잘게 뜯고, 치커리는 깨끗이 씻어 물기를 털어내고 줄기채 준비한다.

3. 1의 바게트에 머스터드 소스를 바르고 양상추, 적양배추, 치커리, 피클, 슬라이
   스 치즈, 슬라이스 햄의 순서로 얹는다.

4. 3의 바게트를 먹기 좋게 자른다.

맛있는 홈베이킹

**샌드위치 속
야채 맛있게
이용하기**

　　탄수화물과 동물성 지방 위주의 샌드위치에서 미네랄과 비타민을 보충할 수 있는
것이 야채 종류이다. 샌드위치에 주로 사용되는 야채는 치커리, 상추, 양배추, 양상추
등 주로 잎이 넓고 부드러운 종류이다. 샌드위치에 들어가는 야채 종류를 준비할 때는
그 재료가 가진 영양소를 최대한 살리기 위해 칼이나 가위 등으로 절단하지 않고 손으
로 대충 찢어 사용하는 것이 좋다.
　　샌드위치 속에 넣는 야채의 숨이 죽으면 아삭거리는 맛이 떨어지는데 이때는 미리 다
듬은 야채를 얼음물에 5분 정도 담갔다 건진 후 체에 밭쳐 냉장고에 넣어뒀다 사용하면
시원하고 아삭한 맛을 즐길 수 있다. 특히 약간 매운맛이 나는 야채의 경우 물에 담가두
면 맵거나 아린 맛이 빠져 생으로 먹기에 더 좋은 상태가 된다.

달걀 샌드위치

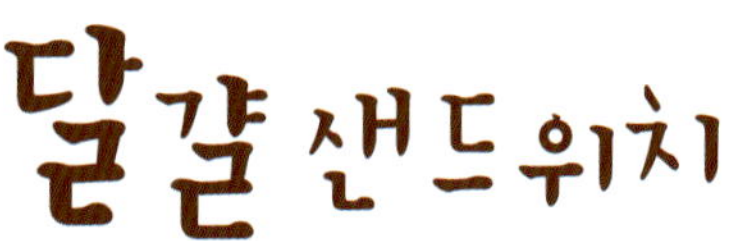

가장 대중적이고 가장 많이 만들어지는 달걀 샌드위치.오이가 들어간다고 해도 피클은 빼 먹지 말자. 새콤달콤한 그 맛이 달걀 샌드위치의 맛을 한층 더 업그레이드 해준다. 집에서 만든 샌드위치와 제과점에서 파는 샌드위치는 뭔가 다른 것 같다는 사람들이 있다. 비법이 뭐냐고 물어보는데 답은 피클의 사용이다.

 **재 료**

식빵 4장, 양상추 3장, 달걀 2개, 맛살 1개, 사과 1/4개, 피클 1줌, 오이 1/2개,
슬라이스 치즈 2장, 슬라이스 햄 2장, 마요네즈 1큰술, 머스터드 1작은술

만드는 법

1. 달걀은 완숙으로 삶아 노른자는 으깨고 흰자는 다져 준비하고, 식빵 안쪽에 미리 마요네즈를 발라 물기가 스며들지 않도록 한다.

2. 사과, 피클, 오이 등도 다져 물기를 제거하고, 맛살도 다져 놓는다.

3. 1의 달걀과 2의 재료들을 머스터드와 마요네즈로 버무린다.

4. 식빵 위에 손으로 잘게 찢은 양상추를 깔고 그 위에 슬라이스 치즈, 버무린 속 재료, 슬라이스 햄 순으로 올린 다음 식빵으로 덮어준다.

맛있는 홈베이킹

**샌드위치
만들 때
주의할 점**

1. 너무 많은 재료를 넣지 않도록 한다. 재료가 지나치게 많으면 샌드위치 본연의 맛을 찾기 어렵다.
2. 방금 구운 따뜻한 식빵은 피한다. 식빵이 재료에 눌려 납작해져 빵이 아닌 밀전병이 되어 버리는 경우가 있다.
3. 양상추는 손으로 잘게 찢어 수북하게 겹쳐 넣는다. 한 장 그대로 넣어 한입 베어 물었을 때 딸려 나오는 것을 방지하고 영양소 파괴 또한 줄일 수 있다.
4. 샌드위치를 만든 후 누르지 않는다. 마요네즈로 재료를 버무려 넣으면 떨어지지 않고 붙어 있다. 굳이 일부러 눌러서 납작하게 만들 필요는 없다.
5. 야채에 남아 있는 물기가 식빵을 적시지 않도록 속재료들의 물기 제거는 꼭 필요하다.

롤 샌드위치

오이를 싫어하는 아이들에게 오이도 맛있게 먹을 수 있는 채소라는 것을 보여줄 수 있는 샌드위치이다. 배도 살짝 고프고 특별히 재미있는 일도 없는 오후, 냉장고에 있는 오이를 꺼내 아이와 함께 만들어 보자. 노란색 치즈, 빨간색 햄, 초록색 오이가 어우러져 보기에도 예쁜 간단 샌드위치가 완성된다. 한입에 쏙 들어가는 앙증맞은 크기로 봄나들이 도시락용으로도 알맞은 샌드위치이다.

 **재 료**

식빵 3장, 슬라이스 햄 1장, 슬라이스 치즈 1장, 오이 1/4개, 소금 약간,
마요네즈 1숟가락

만드는 법

1. 식빵은 가장자리를 제거하고 밀대로 얇게 밀어준다.(식빵을 밀대로 미는 것은
   롤을 말았을 때 동그랗게 말린 모양을 유지시켜 주기 위해서이다.)

2. 오이는 감자 채칼을 이용하여 길이대로 얇게 썰어 소금을 살짝 뿌려 5분 정도
   두었다가 키친타월로 물기를 제거해 준비한다.

3. 식빵 안쪽에 마요네즈를 살짝 바르고 각각 오이, 치즈, 햄을 얹어 힘을 주면서
   김밥 싸듯이 꼭꼭 눌러가며 돌돌 말아준다.

4. 랩으로 만 샌드위치를 10분 정도 그대로 두었다가 랩을 풀고 먹기 좋은 크기로
   썰어 이쑤시개를 꽂아준다.

쿠킹 플러스+

바나나 땅콩버터 롤 샌드위치

재 료 식빵 1개, 바나나 1개, 땅콩버터 1숟가락

만들기 1. 식빵은 가장자리 갈색 부분을 잘라내고 밀대로 얇
          게 밀어 준비한다.

    2. 1의 식빵에 땅콩버터를 얇게 펴 바른다.

    3. 바나나를 얹고 돌돌 말아준다.

    4. 먹기 좋게 자르고 이쑤시개로 고정시킨다.

초콜릿 프렌치 토스트

일반적인 프렌치 토스트는 달걀을 곱게 풀어 설탕이나 꿀 또는 시럽과 우유를 넣어 식빵을
흠뻑 적셔 굽는다. 든든하기는 하지만 매번 같은 맛에 살짝 지겨운 마음이 생긴다면 초콜릿을
이용한 프렌치 토스트를 만들어 보는 것은 어떨까? 식빵을 달걀물에 적시는 대신 소스를 바른
다. 달걀물에 적신 토스트의 눅눅함이 싫었던 사람들에게 제격인 메뉴이다.

 재 료

식빵 2장, 달걀 50g, 설탕 50g, 마요네즈 50g, 장식용 초코시럽 적당량,
초콜릿 20g, 슈거파우더 적당량

만드는 법

1. 달걀과 설탕, 마요네즈를 1:1:1의 비율로 섞어 소스를 만들어 식
   빵 두 장의 바깥쪽에 바른다.

2. 식빵 안쪽에 초콜릿을 올리고 소스를 바른 쪽이 바깥쪽으로 향하
   게 다른 식빵을 덮어 구워준다. 화이트 초콜릿은 느끼할 수 있으므
   로 가급적 피하는 게 좋고 그 외에는 어떤 초콜릿이든 상관없다.

3. 오븐 팬에 종이포일이나 실리콘페이퍼를 깔고 굽는다. 다 굽고 나면
   접시에 옮겨 담고 초코시럽과 슈거파우더를 뿌려 낸다.

맛있는 홈베이킹

**프렌치 토스트
맛있게 굽기**

식빵에 달걀물을 입혀 노릇하게 구워내는 것이 프렌치 토
스트이다. 만드는 과정은 간단하지만 자칫하면 태우기 쉽고 생
각만큼 맛내기가 어려운 토스트이기도 하다. 달걀물에는 설탕과 소금, 우유
를 살짝 섞어주는 것이 좋고 팬을 충분히 달군 뒤 버터를 빨리 녹이고 약한 불로 줄여
서서히 익혀야 타지 않고 노릇노릇한 토스트를 만들 수 있다.

쿠킹 플러스+

시나몬 토스트

재 료 식빵 2장, 바닐라 아이스크림 1큰술, 버터 20g, 시나몬 슈거
(시나몬가루 1/2작은술, 설탕 2큰술)

만들기 1. 식빵 양쪽 면에 버터를 충분히 바르고 앞뒤로 노릇
하게 구워 준비한다.
2. 분량의 시나몬가루와 설탕을 골고루 섞어 시나몬
슈거를 만든다.
3. 접시에 구운 식빵을 올리고 시나몬 슈거를 뿌린 뒤 바닐라 아이스크림을 올린다. 기호
에 따라 아가베 시럽이나 사과조림을 올려 먹어도 좋다.

크로크무슈

헝클어진 머리로 TV 앞에 앉아 따뜻한 크로크무슈와 커피로
주말을 시작하는 행복한 생각을 해본다. 여유롭게 늦잠을 즐긴
주말 아침, 비싼 카페가 아니라도 호사스러운 브런치를 즐길 수
있게 해주는 메뉴이다.

재 료

식빵 2장, 슬라이스 햄 1장, 슬라이스 치즈 1장, 마요네즈 10g, 버터 20g, 연유 10g,
다진 마늘 10g, 설탕 10g, 파슬리가루 약간

만드는 법

1. 마요네즈, 버터, 연유, 다진 마늘, 설탕, 파슬리가루를 골고루 충분히 섞어둔다.

2. 식빵 두 장의 한쪽 면에만 1의 소스를 가장자리까지 꼼꼼히 바른다.

3. 소스를 바르지 않은 쪽에 햄과 치즈를 얹고 소스를 바르지 않은 식빵면과 만나
   도록 덮어준다.

4. 오븐 팬에 종이포일이나 실리콘페이퍼를 깔고 오븐에서
   구워준다.

5. 대각선으로 보기 좋게 잘라 담아낸다.

맛있는 홈베이킹

**샌드위치를 더욱
맛있게
즐기는 방법**

 속에 들어가는 재료와 상관없이 샌드위치 빵 자체의 질감이 잘 살아 있어야 더욱 맛
있는 샌드위치가 된다. 그러기 위해서는 속재료로 인해 빵이 눅눅해지는 것을 막아주는
것이 좋은데 빵을 살짝 구워 안쪽에 얇게 덮는 느낌으로만 버터나 마요네즈를 발라주면
된다. 완성된 샌드위치를 금방 먹을 것이 아니라면 랩이나 유산지로 각각 포장하여 마
르지 않게 보관하도록 한다.

 샌드위치를 먹기 좋은 크기로 자르려면 자르기 전 내용물이 빠져 나오지 않도록 이쑤
시개나 꼬치 등으로 고정시킨 다음 빵 칼로 톱질하듯 잘라주면 된다. 속재료 중 베이컨
은 기름을 두르지 않은 팬에 바싹 구워 종이타월에 올려 기름기를 충분히 뺀 다음 사용
해야 샌드위치가 눅눅해지는 것을 막을 수 있다. 샌드위치용 슬라이스 햄은 그냥 사용
해도 상관없지만 기름기가 부담스럽다면 끓는 물에 한 번 데쳐 사용해도 된다.

삼각토스트

삼각 토스트가 안주 메뉴에 있던 호프집이 있었다. 친구들이랑 술은 안 마시고 이 삼각 토스트만 연달아 먹었던 기억이 있다. 촉촉하면서 달콤한 그 맛이 한번 손을 대면 끝까지 먹게 하는 힘이 있다. 다이어트 중인 사람이라면 절대 금물! 하지만 이 맛을 알고서는 눈앞에 있는 삼각 토스트를 절대 모른 척 할 수 없다. 눈 딱 감고 한입 베어 물면서 날씬한 편인데 다이어트해야 한다고 야단인 얄미운 친구에게 괜찮다고 부추겨 먹여보는 즐거운 상상도 해본다.

 **재 료**

통 식빵 1개, 달걀 2개, 마요네즈 100g, 설탕 100g

만드는 법

1. 식빵은 슬라이스되지 않은 통 식빵으로 준비한다.

2. 갈색 부분의 겉면은 잘라내어 하얀 속살만 남게끔 한다.

3. 큼직하고 두꺼운 삼각형 모양이 되도록 식빵을 자른다.

4. 분량의 달걀과 설탕, 마요네즈를 충분히 골고루 섞어 소스를 만든다.

5. 삼각형으로 자른 식빵의 모든 면에 4의 소스를 줄줄 흐르지 않을 정도로 넉넉히 발라준다.

6. 오븐 팬에 종이포일이나 실리콘페이퍼를 깔고 그 위에 소스를 바른 식빵을 올려 굽는다.

맛있는 홈베이킹

재료와 소스의 조절로 샌드위치 더 건강하게 즐기기

　버터는 사용하는 재료가 건조하다면 충분히 바르고, 마요네즈가 첨가된 샐러드를 넣을 때는 얇게 바르거나 생략해도 된다.

　소고기나 돼지고기, 닭고기 등 육류를 이용할 때는 기름기가 없는 살코기 부분만 이용하고 기름을 두르고 팬에 굽기보다 석쇠나 오븐에 굽는다. 고기 대신 두부를 이용한 패티를 넣으면 칼로리를 대폭 낮출 수 있다. 두부 패티가 의외로 고기 못지 않은 감칠맛이 있으며 영양 또한 풍부하고 소화도 잘되어 남녀노소 모두에게 두루두루 좋은 재료이다.

　과일과 야채는 가급적 많이 넣어야 섬유질이 풍부한 건강 샌드위치를 만들 수 있으며, 일반 식빵 대신 각종 곡류 식빵을 선택하는 것도 요령 중에 하나이다. 포도를 이용한 발사믹 식초를 이용하면 칼로리는 낮추면서 다이어트에도 좋은 샌드위치를 만들 수 있다.

마늘빵

얼핏 쉬워 보이는 메뉴이지만 막상 집에서 구워보면 밖에서 먹는 그 맛이 나지 않아 많은 사람들을 고민에 빠트리는 아이템이다. 얼마 전 친구와 함께 간 이탈리아 레스토랑에서 고소한 크림 파스타와 함께 먹었던 달콤 촉촉한 마늘빵의 그 맛. 집에서 구워도 제과점에서 사도 그때 그 맛을 느끼기 힘들다. 마늘빵 맛의 비밀은 굽는 시간에 있다. 파스타와 함께 먹는 마늘빵은 살짝한 구워 촉촉함을 남기고 제과점에서 파는 마늘빵은 그 배의 시간을 구워 바삭하게 한 것이다.

재 료

바게트 1개, 버터 150g, 연유 50g, 다진 마늘 50g, 설탕 50g, 마요네즈 50g,
파슬리 가루 약간

만드는 법

1. 부드러운 버터에 설탕을 넣고 충분히 저어준다.

2. 설탕을 섞은 버터에 분량의 연유, 다진 마늘, 마요네즈를 넣고 골고루 섞어 소
   스를 준비한다.(마요네즈는 생략 가능하지만 마요네즈를 넣고
   구우면 조금 더 촉촉한 마늘빵을 먹을 수 있다.)

3. 바게트는 1cm 정도의 두께로 도톰하게 잘라 준비한다.

4. 3의 바게트 앞뒤로 준비한 소스를 바른다.

5. 팬에 종이포일이나 실리콘페이퍼를 깔고 오븐에 구워낸다.

4.

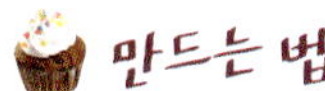

식빵 자투리를
이용하는
몇 가지 방법

  토스트나 샌드위치를 만들다 보면 식빵의 가장자리 부분이 많이 남는다. 버리기엔 아깝지만 그렇다고 별 맛 없는 자투리 부분을 먹기도 사실 좀 그렇다. 하지만 조금만 생각을 해보면 식빵의 자투리 부분이라도 맛있게 먹을 수 있는 방법이 얼마든지 있다.
  마늘빵 역시 주로 바게트를 이용해 만들지만 식빵의 자투리 부분을 이용해 만들 수도 있다. 식빵 자투리에 버터를 바르고 오븐에서 구운 다음 메이플 시럽이나 아가베 시럽에 담갔다 흑임자를 뿌리면 흑임자 스틱을 맛볼 수 있고, 버터를 바르고 시나몬 가루를 고루 뿌린 다음 오븐에서 구워내면 시나몬 스틱이, 버터 대신 올리브 오일을 바르고 파마산 치즈 가루를 고루 뿌린 후 구우면 맛있는 치즈 스틱이 된다.

식빵 키쉬

한동안 브런치 열풍이 대단했었다. 여기저기서 앞다투어 브런치 전문 카페를 소개하는 것을 보고 있자니 여유를 즐길 줄 아는 현대인이라면 주말 아침 카페 테라스에 앉아 커피 한 잔과 생전 처음 들어 보는 브런치 메뉴 한 가지쯤은 먹어줘야 하는 게 아닌가 하는 압박 아닌 압박을 받기도 했다. 브런치는 아침과 점심의 중간 시간쯤 즐기는 식사가 아닌가? 그걸 꼭 비싼 돈 주고 나가서 먹어야 할까? 핑크색 예쁜 그라탕기 하나 사서 이번 주말부터는 근사한 브런치 메뉴를 내 손으로 만들어 먹어보자.

재 료

식빵 3장, 달걀 2개, 우유 50g, 햄 3장, 소금 1g, 파슬리가루 약간

만드는 법

1. 식빵을 대각선으로 잘라 그라탕 용기에 삼각형 모양으로 놓는다.

2. 햄 역시 삼각형 모양으로 잘라 식빵과 번갈아 담는다.

3. 우유에 소금을 넣고 잘 풀어준다.

4. 식빵과 햄 위에 3의 소스를 붓고 오븐에 굽는다.

5. 오븐에서 꺼낸 후 파슬리가루를 솔솔 뿌려주면 더욱 먹음
   직스러워진다.

맛있는 이야기

이탈리아에는 피자, 프랑스에는 키쉬

들어가는 재료에 따라 다양한 맛을 즐길 수 있는 키쉬(quiche)는 파이의 일종으로 프랑스인들이 식사는 물론 피크닉 갈 때도 가져가는 인기 메뉴이다. 세계 2차 대전을 지나면서 영국과 미국에서도 즐기기 시작했다. 들어가는 재료에 따라 여러 가지 이름이 붙을 수 있는 키쉬 중에 키쉬 로렌(quiche lorraine)이 가장 유명한데 이는 독일과의 국경 인근에 위치한 로렌 지방에서 시작되었다고 한다. 본디 이 키쉬라는 말도 독일어로 케이크를 뜻하는 쿠헨(kuchen)에서 유래했다고 한다.

키쉬는 특별한 날에 만들어 먹던 요리가 아니라 일상에서 많이 즐기던 음식이기 때문에 특별히 정해진 레시피가 있는 건 아니다. 만드는 사람에 따라 들어가는 재료에 따라 천의 얼굴을 드러내는 매력적인 요리이다.

식빵 푸딩

아이들이 돌아올 시간이 되면 엄마들은 늘 고민이다. 오늘 간식은 어떤 걸로 해주지. 매일 빵을 사다주기도 과일만 주기도 그렇고 뭔가 색다르고 맛있는 것을 해주고 싶다. 아이들 간식으로 좋은 메뉴가 여러 가지 있지만 이 식빵 푸딩도 그 중 하나이다. 아이들 간식으로 주려면 들어가는 재료의 영양적 측면이나 엄마가 준비하는 시간 등을 고려하지 않을 수가 없는데 모든 면에서도 꽤 괜찮은 메뉴이다.

 **재 료**

식빵 2장, 견과류(호두나 건포도) 50g, 우유 130g, 달걀 1개, 꿀 10g, 설탕 10g,
계피(기호에 따라) 적당량

만드는 법

1. 식빵을 한입 크기로 잘라 그라탕 용기에 넣는다.

2. 1 위에 호두나 건포도 등의 견과류나 말린 과일을 뿌린다.

3. 우유에 분량의 달걀, 꿀, 설탕, 계피(기호에 따라 분량 조절)를 넣고 골고루 섞어준다.

4. 견과류를 뿌린 식빵 위에 3을 붓고 오븐에 굽는다.

부드러움의 대명사, 푸딩

영국에서 처음 만들어진 푸딩은 선원들이 항해 중에 남은 빵부스러기, 밀가루, 과일, 달걀 등 있는 재료를 섞어 헝겊에 싼 뒤 쪄낸 것이 시초이다. 시간이 지나면서 어느 가정에서나 흔히 볼 수 있는 디저트로서 요리법도 다양해지고 체계화되었다.

푸딩 반죽은 달걀, 우유, 설탕을 섞은 것과 빵, 건포도, 오렌지 필, 다진 고기와 야채를 섞고 헝겊으로 감싸 찐 것, 초콜릿이나 견과류를 더한 것 등이 있다. 헝겊에 싸서 찌거나 삶거나 중탕으로 익히고, 젤라틴을 더해 식혀서 굳히기도 한다. 익혀서 굳힌 따뜻한 푸딩은 달걀을 넣어 오븐에서 익히거나 밀가루를 넣어 쪄서 굳힌다. 식혀서 굳히는 차가운 푸딩 종류는 젤라틴이나 콘스타치를 이용하여 굳혀 준다.

바나나 식빵 그라탕

한 끼 식사로도 손색이 없을 만큼 먹으면 속이 든든
해지는 메뉴이다. 바나나는 사시사철 쉽게 접할 수 있
는 과일 중에 하나이다. 각종 항산화 영양소로 가득 찬
바나나는 간식으로 먹어도 좋고 포만감도 꽤 높아 바쁜
사람들의 식사 대용으로 먹어도 좋은 과일이다. 식빵과
바나나로 만드는 바나나 식빵 그라탕은 식사 대용식으
로도 훌륭한 메뉴이다.

재 료

식빵 2장, 바나나 1개, 건포도 적당량, 버터 20g, 우유 1/2컵, 설탕 10g, 계피 적당량

만드는 법

1. 식빵은 한입 크기로 잘라 그라탕 용기에 담아 준비한다.

2. 우유에 분량의 설탕과 계피를 넣고 잘 풀어준다.

3. 1의 식빵 담은 그라탕 용기에 건포도와 바나나, 버터를 식빵 중간중간에 골고루
   넣어준다.

4. 식빵 위에 2의 소스를 골고루 붓고 오븐에 굽는다.

무한 변신이 가능한 그라탕

　본래 그라탕은 소스, 파이 반죽, 수플레 반죽으로 덮은 재료를 표면에 피막이 생길 때까지 오븐
에서 구운 따뜻한 디저트 종류를 일컫는 말이다. 하지만 우리나라에서는 주로 디저트가 아니라 메
인 메뉴와 함께 먹는 사이드 메뉴로, 치즈와 빵가루를 듬뿍 올려 오븐에서 구운 요리를 총칭하는
것으로 통용되고 있다. 이탈리아 음식으로 알고 있는 경우가 많은 그라탕은 사실 18세기 이후 프
랑스에서 유래된 유럽의 대표 가정식 메뉴 중의 하나이다.

　그라탕의 장점이라면 오븐이 없더라도 열을 가할 수 있는 조리기구만 있으면 얼마든지 조리가
가능하다는 것과 기존 메뉴에 치즈를 올리는 것만으로도 만들 수 있다는 것이다. 뿐만 아니라 서
양요리이지만 대부분의 식재료, 소스와 잘 어울려 적용 범위가 넓다는 것이다.

프렌치 바게트 스틱

부슬부슬 비가 오는 날이면 여러 가지 음식이 생각난다. 사람에 따라 김치전에 동동주 한 잔이 혹은 얼큰 매콤한 짬뽕 생각이 나는 사람도 있을 것이다. 그런데 나는 비가 오면 이 프렌치 바게트 스틱이 생각난다. 그냥 먹기에는 딱딱한 바게트가 이렇게 촉촉하고 달콤한 맛이 날 수도 있다니. 일기예보에서 이번 주말 비를 예고하던데 미리 바게트 좀 사다놔야 겠다.

 **재 료**

바게트 1개, 마요네즈 100g, 설탕 100g, 달걀 2개, 파슬리가루 약간

만드는 법

1. 마요네즈와 설탕, 달걀을 1:1:1 비율로 섞어 소스를 만들어 둔다.

2. 바게트를 스틱 모양으로 잘라 쥐고 먹기 편하도록 준비한다.

3. 2의 자른 바게트에 만들어둔 소스를 듬뿍 바르고 잘게 썬 파슬리가루를 뿌려 오븐에 굽는다.

맛있는 홈베이킹

바게트를 너무 얇게 자르면 쉽게 부서지고 너무 두껍게 자르면 속은 딱딱해져 먹기가 불편하므로 적당한 크기로 자르는 것이 좋다. 프렌치 바게트 스틱은 구워서 바로 먹는 것이 좋다. 하루가 지나면 빵이 쉽게 눅눅해져 식감이 좋지 않다. 소스를 조금 넉넉히 준비해 놨다가 먹고 싶을 때 발라서 구워 먹도록 한다.

쿠킹 플러스+

바게트 카망베르 샌드위치

재 료 바게트 1/2개, 비타민·비트잎 2장씩, 카망베르 치즈 50g, 씨겨자 소스 2큰술

만들기

1. 바게트는 바삭한 것으로 준비하여 폭 4cm 정도로 어슷썰어 옆으로 반을 자른 후 안쪽 면에 씨겨자 소스를 발라 준비한다.

2. 비타민과 비트잎은 깨끗이 씻어 체에 밭쳐두고 카망베르 치즈는 폭 2cm 정도로 잘라준다.

3. 씨겨자 소스를 바른 바게트에 비타민, 비트잎을 올리고 남은 바게트로 덮어준다.

초간단 오렌지 팬케이크

멀리 브런치 전문 카페를 가지 않고도 집에서 진정한 의미의 브런치를 즐기고 싶은 사람들에게 추천하는 메뉴이다. 특히 일하는 엄마들은 주말 아침 한두 시간의 잠이 정말 절실하다. 그러나 아이들과 남편 밥을 생각하며 겨우 일어나는 엄마들이 많을 것이다. 엄마가 기분 좋게 자고 일어나야 한 주의 피로가 풀리고 다시 시작할 수 있는 에너지가 충전될 것이다. 엄마가 기운차야 아이들도 아빠도 행복해질 수 있지 않을까.

 **재 료**

반죽 : 핫케이크 가루 1과1/2컵, 달걀 1개, 오렌지 주스 1/2컵, 버터 약간
소스 : 오렌지 주스 1/2컵, 설탕 30g, 물엿 3작은술, 오렌지 1/2개

만드는 법

1. 핫케이크용 가루에 오렌지 주스를 넣어 반죽한다.

2. 오렌지는 굵은 소금으로 문질러서 껍질을 깨끗이 씻고 반달 모양으로 도톰하게 썰어 준비한다.

3. 도톰하게 썬 오렌지에 분량의 오렌지 주스와 설탕, 물엿을 넣고 설탕이 녹을 정도로 졸인다.

4. 작은 프라이팬에 버터를 녹인 후 반죽을 떠 넣고 약한 불에서 천천히 팬케이크를 굽는다.

5. 팬케이크가 다 익으면 접시에 담고, 만들어 둔 3의 소스를 넉넉히 뿌려준다.

3.

맛있는 홈베이킹

팬케이크 맛있게 굽기

 팬을 약한 불로 달군 후 버터를 조금 두르고 반죽을 올린다. 표면에 작은 공기 구멍이 생기기 시작하면 뒤집는다. 팬케이크는 굽는 팬의 표면이 깨끗해야 매끈하게 구워지므로 기름기를 살짝 바르고 반죽을 올려 약한 불에서 은근하게 익혀준다.

쿠킹 플러스+

팬케이크 단호박 샌드위치

재　료 팬케이크 2장, 단호박 샐러드(단호박 1/4개, 생크림 1/2컵, 건포도 3큰술, 아가베 시럽 1/2큰술, 소금 약간)

만들기 1. 깨끗이 씻어 찜통에서 찐 단호박은 따뜻할 때 으깨어 분량의 재료들을 넣고 섞어 단호박 샐러드를 만든다.

2. 팬케이크 한 장에 단호박 샐러드를 올리고 다른 팬케이크로 덮어준다.

집에서 손님 접대를 할 때, 예쁘고 맛있는 디저트를 내놓는 주인이라면… 혹은 다른 이의 초대를 받아간 자리에 달콤하고 맛있는 디저트를 준비해 가는 손님이라면… 어느 쪽이 되었든 그날 식사 자리는 분명 즐겁고 행복한 시간으로 기억될 것이다.

Part 3

특별한 날, 더욱 맛있게 즐기는 디저트

커피 케이크

케이크라는 이름이 붙었다고 해서 지레 겁먹을 필요
는 없다. 맛은 촉촉하고 부드러운 것이 시폰 케이크 못
지 않지만 만드는 방법은 정말 '이게 다야?' 싶을 정
도로 간단하다. 인스턴트 커피만 있다면 굳이 커피 진
액를 준비하지 않아도 된다. 건강을 위해 집에서 만들
어 먹는 케이크에 방부제가 포함되어 있거나 구하기
어려운 재료를 고집할 필요는 없다.

 **재 료**

박력분 200g, 베이킹파우더 10g, 오일 100g, 설탕 150g, 달걀 1개, 우유 200g,
커피와 물 8+10숟가락

만드는 법

1. 분량의 오일, 설탕, 달걀, 우유를 한꺼번에 넣고 고루 섞어준다.

2. 물에 커피를 녹인다. 커피가 잘 녹지 않으면 미지근한 물에 녹여도 상관없지만 커
   피 입자가 고운 것으로 하면 찬물에도 쉽게 녹일 수 있다.

3. 1에 커피물을 넣고 박력분, 베이킹파우더를 체에 쳐서 넣은 후 주걱으로 골고루
   섞어준다.

4. 준비한 케이크 틀에 2/3가량 채운 후 오븐에 굽는다.

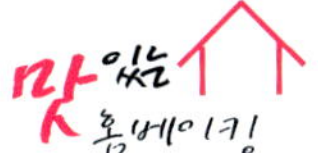

**케이크에
가스 구멍이
생기는 원인**

　첫째 질이 떨어지는 유지류를 사용했을 때, 둘째 재료가 충분히 섞이지 않았을 때,
셋째 빠른 속도로 지나치게 반죽했을 때, 넷째 설탕 양이 적거나 과할 때, 다섯째 팽창
제가 고루 섞이지 않았을 때, 여섯째 거품낸 달걀 흰자가 고루 섞이지 않았을 때, 일곱
째 오븐의 온도가 알맞지 않았을 때이다.
　케이크의 속결이 가스 구멍 없이 부드러운 상태로 구우려면 고품질의 유지를 사용하
고 재료의 분량을 정확하게 지키며 재료는 충분히 그러나 적당한 속도로 섞어주고 적절
한 온도에서 구워 주어야 한다.

정통 브라우니

외국에 나갔을 때 먹어본 브라우니는 오븐에서
굽기는 했을까 하는 생각이 들 정도로 축축한 상태
였다. 반면 우리나라에서 먹어본 브라우니는 너무
익어서 브라우니 본래의 맛보다는 초콜릿 케이크
를 먹는 느낌이 더 강했다. 이 둘이 적당히 섞이면
안은 쫀득하지만 겉은 포슬포슬한 정통 브라우니
가 된다.

 ### 재 료

박력분 100g, 코코아가루 15g, 베이킹파우더 2g, 버터 80g, 초콜릿
120g, 달걀 2개, 설탕 120g

 ### 만드는 법

1. 버터와 초콜릿은 중탕으로 녹여 준비한다.

2. 달걀에 설탕을 넣어 대충 섞은 다음 1의 중탕으로 녹인 버터
   와 초콜릿을 넣어 섞는다.

3. 2에 박력분과 코코아가루, 베이킹파우더를 체에 쳐서 넣은
   다음 날가루가 없어질 때까지 주걱으로 털듯이 반죽을 섞
   어준다.

4. 틀에 반죽을 80% 정도 담아 오븐에 굽는다.

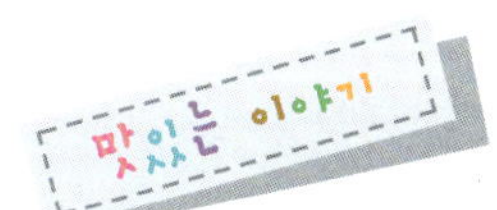

달콤하고 끈적끈적한 갈색 유혹 브라우니의 기원

끈적끈적 달콤한 맛이 일품인 브라우니는 이름으로 인해 영국에서 처음 만들어졌다고 생각하기
쉽지만 그 기원은 미국이다. 그 유래에 대해서는 여러 가지 설이 있지만 보통 세 가지 정도가 알려
져 있다. 첫 번째, 초콜릿 케이크를 만들다가 베이킹파우더를 빠트려 납작한 케이크가 완성되었는
데 버리기 아까워 먹었더니 의외로 맛있어 계속 만들게 되었단 설. 두 번째, 시카고 세계박람회 당
시 파머 하우스 호텔 사장 부인이 호텔에 머무르는 부인들을 위해 준비한 디저트였다는 설. 세 번
째, 제과제빵에서는 정확한 계량이 무엇보다 중요한데 한 제빵사가 케이크 반죽에 부어야 할 녹인
초콜릿을 실수로 비스킷 반죽에 넣었다가 우연히 만들게 되었다는 설이 있다.

브라우니라는 이름이 붙게 된 이유는 영국 스코틀랜드 지방 전설에 나오는 브라우니 요정의 이름
에서 유래되었다는 얘기도 있고, 짙은 갈색빛으로 인해 브라우니라는 이름이 붙었다는 얘기도 있다.

과일 브라우니

좀더 색다르게 브라우니의 달콤함을 즐기고 싶은 사람들에게 추천하는 메뉴이다. 아몬드 슬라이스와 각종 건조 과일을 넣어 새콤한 과일 맛에 쫀득함을 더한 브라우니이다. 건조 과일은 미리 미지근한 물이나 럼주에 불려 사용해야 브라우니의 수분을 빼앗아가지 않는다.

재 료

박력분 50g, 코코아가루 15g, 베이킹파우더 2g, 다크 초콜릿 250g, 초코칩 50g, 버터 100g, 설탕 80g, 달걀 2개, 소금 1g, 아몬드 슬라이스 50g, 건포도 50g, 체리 50g

만드는 법

1. 버터와 다크 초콜릿을 중탕으로 녹여 준비한다.

2. 달걀에 설탕, 소금을 넣어 섞다가 중탕으로 녹인 버터와 다크 초콜릿을 섞어준다.

3. 2에 박력분과 코코아가루, 베이킹파우더를 체에 쳐서 넣은 다음 날가루가 없어질 때까지 주걱으로 털듯이 반죽을 섞어준다.

4. 준비한 초코칩, 아몬드 슬라이스와 건포도, 체리 등을 넣고 섞는다.

5. 틀에 반죽을 80% 정도 담아 오븐에 굽는다.

맛있는 홈베이킹

브라우니 더 맛있게 즐기기

브라우니는 어떤 음료와도 잘 어울리지만 따뜻한 우유나, 우유를 넣은 카페라떼, 따뜻한 커피 등 주로 따뜻한 음료와 먹는다. 아니면 브라우니 자체를 따뜻하게 데워 차가운 바닐라 아이스크림을 올려 먹어도 그 맛이 환상적이다.

쫀득한 브라우니를 좋아한다면 굽는 시간을 짧게 하여 이쑤시개로 찔러 보았을 때 반죽이 조금 묻어 나오는 정도로 구우면 되고, 보들보들 달콤한 브라우니가 더 좋다면 이쑤시개에 반죽이 묻어나오지 않을 때까지 구우면 된다.

브라우니는 따뜻할 때 먹으면 그 부드러움이 최고이고 실온에서 하루 지나면 묵직하지만 촉촉한 부드러움을, 냉장고에 하루 넣어두면 쫀득한 부드러움을 느낄 수 있다.

한입 치즈 케이크

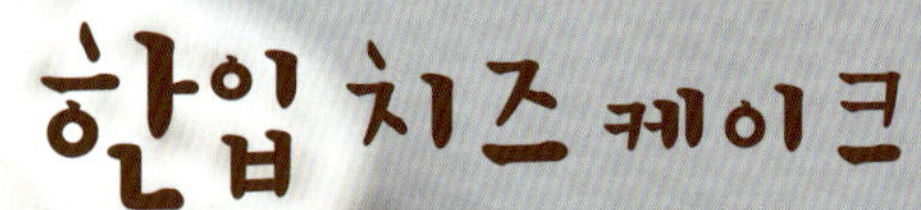

치즈 케이크를 싫어하는 여자들은 별로 없다. 하지만 치즈 케이크를 집에서 만들어 먹기엔 여러모로 힘든 점이 많다고 여긴다면 주목해야 할 레시피이다. 다른 치즈 케이크 레시피에 비해서 사용되는 달걀 양이 적고 치즈 양이 많아서 실패할 확률이 낮은 치즈 케이크이다. 냉장고에 크림치즈만 있다면 지금 도전해 보자. 아주 진한 치즈 케이크를 맛볼 수 있다.

 **재 료**

크림치즈 250g, 설탕 50g, 달걀 1개, 생크림 30g, 레몬즙 10g, 카스텔라 1봉

만드는 법

1. 크림치즈는 손으로 주물러 부드럽게 만들어 둔다.

2. 카스텔라는 사용할 용기에 맞게 잘라 준비하면 되는데, 카스텔라가 너무 두꺼 우면 크림치즈가 적게 들어가므로 카스텔라는 얇게 잘라 준비하는 것이 좋다.

3. 크림치즈에 설탕을 넣고 부드러워질 때까지 비닐 장갑을 끼고 충분히 주물러 준다.

4. 3의 크림치즈에 달걀, 생크림, 레몬즙을 넣고 멍울이 지지 않도 록 거품기로 골고루 섞는다.

5. 틀 제일 아래에 카스텔라를 깔고 반죽을 70~ 80% 정도 담아 굽는다. 많이 부풀기 때문에 반죽을 절대 많이 담지 않도록 한다.

부드럽고 진한 치즈의 유혹, 치즈 케이크

현재 전 세계적으로 만들어지고 있는 치즈 케이크의 종류를 따지자면 책 한 권으로는 부족할 만큼 많은 종류가 있다. 치즈 케이크에 대한 최초의 기록은 로마시대로 거슬러 올라가지만 사실 고대 그리스 시대에도 오늘날의 치즈 케이크와 유사한 형태의 음식이 있었다고 한다.

치즈 케이크는 크게 세 가지 타입으로 나눌 수 있는데, 치즈와 달걀, 우유 등을 혼합해 섞어 구운 베이크 치즈 케이크, 달걀 흰자의 거품을 이용해 부드럽고 폭신하게 구운 수플레 치즈 케이크, 마지막으로 크림 치즈에 생크림과 젤라틴을 섞어 냉장고에서 굳혀 먹는 레어 치즈 케이크가 있다.

베이크 타입은 치즈 본연의 진한 맛을 느낄 수 있어 치즈를 좋아하는 사람에게 적당하고, 수플레 타입은 오븐에서 중탕으로 구워 부드러움이 큰 특징인데 치즈를 즐기지 않는 사람도 부담없이 먹을 수 있다. 시원하면서도 부드럽게 녹는 레어 타입은 깔끔한 맛을 좋아하는 사람들에게 어울린다.

티라미슈

케이크 만들기라고 해서 지레 겁먹을 필요는 없다. 오븐 없이도 얼마든지 맛있고 고급스러운
케이크를 만들 수 있다. 시중에 판매되는 케이크 중 제법 비싼 편에 속하는 티라미슈. 이 티라미
슈는 오븐 없이도 얼마든지 맛있게 만들 수 있는 간단한 케이크이다. 재료만 준비되어 있다면 30
분 안에 진하고 부드러운 티라미슈를 한입 맛볼 수 있을 것이다.

 **재 료**

크림치즈 250g, 설탕 60g, 생크림 200g, 코코아파우더 10g, 카스텔라 1봉,
커피물(물 100g, 설탕 50g, 커피 20g)

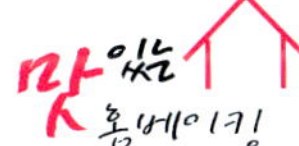 **만드는 법**

1. 분량의 물에 설탕과 커피를 넣고 잘 섞어 약한 불에서 설탕이 녹을 때까지 저어준다.

2. 카스텔라는 용기에 맞게 잘라 커피물에 적셔 둔다.(한번 푹 담근다는 느낌으로 적셔주면 된다.)

3. 분량의 크림치즈에 설탕을 넣어 부드럽게 주물러 준다.

4. 3의 설탕을 섞은 크림치즈에 휘핑한 생크림을 넣고 가볍게 섞는다.

5. 용기 제일 아래에 커피물을 적신 카스텔라를 깔고 그 위에 4의 생크림을 섞은 크림치즈를 올린다.

6. 5의 과정을 2~3번 반복한 후 제일 위에 코코아파우더를 골고루 뿌려 마무리한다. 코코아파우더는 취향에 따라 뿌리는 양을 조절한다.

생크림 제대로 휘핑하기

커다란 볼에 얼음을 담고 액상 상태의 생크림이 담긴 작은 볼을 올린다. 거품기로 한 방향으로만 저으면 되는데 핸드블렌더나 믹서기를 사용해도 괜찮다. 다른 도구를 이용할 때도 사용하는 용기를 차갑게 해서 사용하면 더 좋다.

기분 좋게 하는 커피와 치즈의 진한 맛, 티라미슈

원래 티라미슈는 정통적인 이탈리아 요리에서 마지막에 나오는 디저트의 한 종류이다. 18~19세기경 이탈리아의 각 가정에서 만들어 먹었던 티라미슈가 프랑스로 건너가면서 더욱 발전하게 되었다. 특히 1980년경 미국과 일본에서 선풍적인 인기를 끌게 되었는데, 우리나라에는 1990년대 초반 대도시의 유명 제과점에서 처음 소개되어 고급 제과로 판매되었다고 한다.

우리나라 사람들이 선호하는 케이크 3위인 티라미슈를 이탈리아어로 풀어보면 '나를 위로 끌어올리다' 라는 뜻을 가지고 있는데 이는 사용되는 재료에 기인하지 않을까 하는 생각을 할 수 있다.

커피와 코코아파우더에 들어있는 카페인 성분이 흥분작용을 일으켜 기분을 상승시키고 부드럽고 풍부한 치즈의 맛이 쌉쌀하면서 쓴 커피, 코코아와 어우러져 절로 행복한 기분을 주기 때문이다.

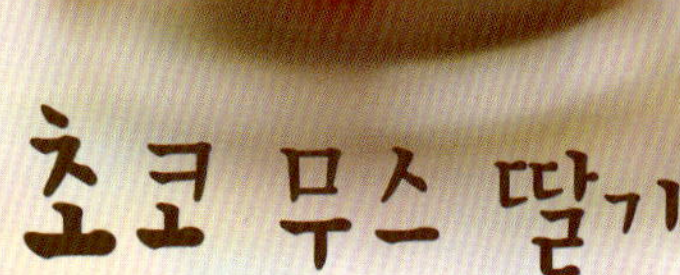

초코 무스 딸기

입에서 느끼는 맛도 맛이지만 눈으로 보는 맛도 맛있게 해 줄 예쁜 디저트가 필요할 때 만들면 좋은 메뉴
이다. 딸기가 많이 나는 계절에는 작고 싱싱한 딸기를 사용해도 좋고 새빨간 산딸기가 있다면 더욱 좋다. 맛
있는 디저트는 식사 시간을 더욱 행복하게 해주는 화룡점정이라 할 수 있다. 오늘, 좋은 사람들을 초대했다면
디저트까지 신경써서 정말 행복하고 좋은 시간으로 기억될 수 있도록 해보는 것은 어떨까?

재 료

초코 카스텔라 1봉, 휘핑된 생크림 1컵, 딸기 또는 산딸기 50g

만드는 법

1. 초코 카스텔라는 사용할 용기에 맞게 여러 장 잘라 준비한다. 용기는 들고 먹기 편하도록 한 손에 들어오는 너무 크고 무겁지 않은 투명 용기가 좋다.

2. 제일 아래에 초코 카스텔라 시트를 깔고 생크림을 짜 준 다음 딸기를 올린다. 이때 크림은 중간, 딸기는 가장자리에 놓아 보기 좋게 장식한다.

3. 그 위에 다시 초코 카스텔라 시트를 올리고 생크림과 딸기로 장식한다. 생크림이 과하면 느끼할 수 있으므로 산딸기를 고정시킬 수 있을 정도로만 짜준다.

4. 꼭 딸기가 아니어도 된다. 봄에는 딸기, 여름에는 머루나 포도, 겨울에는 귤도 훌륭한 식재료가 된다. 제철 과일이나 크기가 작고 달콤한 과일이라면 어느 것이든 관계없다.

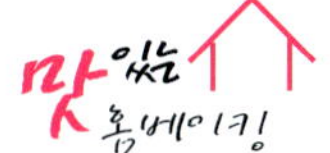

맛있는 마무리 디저트

식사의 제일 끝에 먹는 디저트는 '치우다' '정리하다' 라는 뜻의 프랑스어가 영어화된 말이다. 과일이나 차, 달콤한 쿠키, 혹은 케이크 등 달콤한 음식이 디저트로 제공된다. 이는 주로 기름진 육식을 주로 즐겼던 서양식 식단에서는 식후에 부드럽고 달콤한 디저트로 입안을 개운하게 함은 물론 소화에도 도움이 되는 빠져서는 안될 요소이다.

18, 19세기 무렵 달콤한 디저트를 즐기는 문화가 절정에 이르렀는데 이 시기는 겉치레를 중요시하는 시대 분위기에 정제 설탕과 밀가루가 널리 보급되기 시작한 시기이기도 하다. 최근에는 디저트 전문 카페나 뷔페가 생겨날 정도로 식후에 먹는 보조적인 음식의 개념에서 새로운 요리의 한 분야로 인정받고 있다고 해도 과언이 아니다.

모카 초콜릿

발렌타인 데이만 되면 고민인 사람들이 많다. 그깟 서양식 기념일 안 챙기는 것이 무슨 대수일까 싶지만
남들 다 주고받는 초콜릿 하나 받지 못할 때 느껴지는 묘~한 소외감. 그렇다고 믿음도 안가는 초콜릿 세트
하나 덜렁 사 주자니 안 주는 것만 못한 느낌도 들고, 만들기엔 꽤 번거로울 것 같고, 이래저래 고민이라면
이젠 간단하게 해결해 보자. 다크 초콜릿과 커피가루만 있으면 근사한 초콜릿이 완성된다.

재 료

다크 초콜릿 200g, 커피가루 10g, 장식 견과류 약간

만드는 법

1. 초콜릿에 커피가루를 넣고 중탕으로 녹여준다.(커피가 싫다면 녹차
   가루나 딸기가루 등을 넣어도 된다.)

2. 1회용 비닐 짤주머니에 녹인 초콜릿을 넣고 원하는 크기와
   모양으로 짜준다.

3. 냉장고에 넣어 2~3시간 정도 굳히면 완성된다.

4. 초콜릿이 다 굳기 전 윗면에 견과류나 초코
   장식 등 장식물을 올려 꾸며 준다.

맛있는 홈베이킹

중 탕

끓는 물속에 음식 재료가 담긴 용기를 넣어 익히는 방법이다. 직접 익히는 방식이 아니라 간접적으로 익히는 방식이라 타거나 눌지 않는 장점이 있다. 중탕은 열이 고루 전달되어 재료가 어느 한쪽부터 익는 것이 아니라 골고루 익히거나 녹일 수 있다는 장점이 있다. 중탕할 때는 재료에 물이 들어가지 않도록 주의한다.

쿠킹 플러스+

체리 초콜릿

재 료 체리 20개, 다크 초콜릿 150g, 장식용 스프링클

만들기

1. 체리는 깨끗이 씻어 물기를 완전히 제거해 둔다.(물
   기가 남아 있으면 초콜릿이 체리 표면에 잘 붙지 않
   는다.)

2. 초콜릿은 중탕으로 덩어리 없이 매끈하게 녹여준다.

3. 초콜릿이 굳기 전 체리 꼭지 부분을 붙잡고 초콜릿에 넣고 돌려
   초콜릿 옷을 입힌다.

4. 장식용 스프링클을 뿌려 마무리한다.

두유 푸딩

푸딩을 만들 때 일반적으로 우유를 주로 사용한다. 하지만 두유로도 맛있는 푸딩을 만들 수 있다. 동물성 단백질을 멀리하는 사람이라도 얼마든지 맛있게 먹을 수 있는 디저트가 바로 이 두유로 만든 푸딩이다. 식후에 즐기는 고소하고 부드러운 두유 푸딩의 맛. 오늘, 만들기는 간편하면서 색다르게 즐길 수 있는 디저트로 즐거운 식사 시간의 마무리를 지어보는 것은 어떨까?

 **재 료**

두유 200g, 판 젤라틴 1장, 견과류 약간

 **만드는 법**

1. 찬물에 판 젤라틴을 넣고 10분 정도 불려 준비한다.

2. 두유에 불린 젤라틴을 건져 넣고 잘 섞어준다.(이때 기호에 따라 시럽을 첨가해도 된다.)

3. 중탕으로 젤라틴이 녹을 정도로 데운다.

4. 원하는 모양의 그릇에 부어 냉장실에서 굳히면 완성된다.

5. 젤리가 굳은 후 윗면에 견과류 등을 이용해 포인트 장식을 해도 먹음직스럽다.

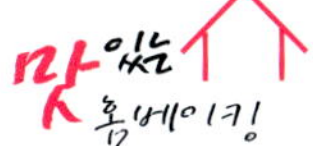

대체할 수 있는 베이킹 재료

베이킹 재료가 없어 종종 당황할 때가 있다. 그럴 때 대체할 수 있는 재료를 안다면 어렵지 않게 원하는 메뉴를 만들 수 있을 것이다. 대표적인 대체 재료 몇 가지만 소개해 볼까 한다. 하지만 대체 재료 사용 시 본래 만들고자 하는 메뉴가 가지고 있는 맛이나 향, 질감 같은 것은 조금 달라질 수 있다는 것을 명심하고 시작하자.

재료명	용량	대체 재료
아몬드 분말	1컵	동량의 헤이즐넛 분말 또는 호두 분말
꿀	1컵	메이플시럽 3/4컵＋갈색 물엿 1/4컵
메이플 시럽	1컵	동량의 꿀
흰설탕	1컵	동량의 황설탕 또는 꿀
슈거파우더	1컵	흰설탕 1컵＋옥수수전분 1/8작은술을 곱게 갈아서 사용
레몬즙	1컵	동량의 레몬 주스
빵가루	1컵	동량의 크래커 부순 것

산딸기 요거트

'이렇게 예쁜 걸 어떻게 먹어~' 싶기도 하고 '이거, 예쁘기만 하고 맛은 없는 거 아냐~' 싶기도 한 산딸기 요거트. 산딸기 요거트를 보는 사람들은 두 번 반한다. 우선 예쁜 모양에 반하고 한입 먹어보면 그 맛에 반하게 된다. 그리고 하늘하늘 보들보들한 요녀석을 보고 있자면 순정만화 속에서나 어울릴 너무도 청순한 소녀가 떠오른다. 소녀가 되고 싶은 모든 그녀들에게 권하는 메뉴이다.

 **재 료**

플레인 요거트 200g, 가루 젤라틴 10g, 산딸기 적당량

 **만드는 법**

1. 플레인 요거트에 가루 젤라틴을 넣고, 5분 정도 가루 젤라틴이 녹을 때까지 충분히 골고루 저어준다.

2. 준비한 용기 제일 아래에 산딸기를 넣고 젤라틴을 녹인 요거트를 붓는다. 이때 요거트는 천천히 부어 밑에 깔린 과일이 밀리지 않도록 한다.

3. 냉장실에 넣어서 2~3시간 후 요거트가 굳으면 산딸기를 올려 완성한다.

※ 꼭 산딸기가 아니어도 딸기철이라면 딸기를, 블루베리가 있다면 블루베리를 사용해도 된다.

 **쿠킹 플러스+**

내 손으로 직접 만들어 먹는 요거트

재 료 우유 100mL(저지방, 고칼슘 같은 기능성 우유 제외), 떠먹는 플레인 요거트 2개 혹은 마시는 요거트 1개(캡슐 첨가된 요거트 제외)

만들기
1. 우유는 약한 불에서 데우는 느낌 정도로만 끓여준다. 이때 막이 생기는 것은 걷어 내도록 한다.
2. 1에 요거트를 넣고 나무 주걱이나 실리콘 주걱으로 저어준다.(쇠 성분이 닿으면 유산균이 죽는다.)
3. 실온에서 8시간 정도 두거나 보온 밥솥에 넣은 후 한 시간 정도 보온 상태로 둔다.

* 발효가 끝나면 두부처럼 물컹해지면서 물 같은 것도 생겨나 있다. 이때 물은 따로 버리거나 하지 않고 그대로 휘휘 저어서 섞어주면 된다.

캐러멜 푸딩

살짝만 건드려도 흔들거리는 푸딩을 보고 있자면 나도 모르게 웃음이 나는 게 행복 바이러스가 퍼지는 것 같은 기분이다. 색다르게 즐길 수 있는 아이들 간식으로, 식후에 먹는 디저트로도 좋지만 좋은 사람들과 함께 하는 티타임에도 꽤 어울릴 메뉴이다. 오랜만에 친구들을 초대한 오후. 달콤하고 부드러운 캐러멜 푸딩과 향긋한 차 한 잔으로 따뜻하고 포근한 시간을 보낼까 한다.

 **재 료**

달걀 2개, 우유 200g, 아가베 시럽 50g, 소금 1g, 캐러멜 시럽(설탕 50g+물 15g)

 **만드는 법**

1. 캐러멜 시럽 만들기 : 냄비에 분량의 설탕과 물을 섞은 다음 불 위에 올려 젓지 말고 태운다는 느낌으로 색을 낸다.

2. 오븐용 그릇에 캐러멜 시럽을 바닥에 깔릴 정도만 부어둔다.

3. 우유에 아가베 시럽과 소금을 넣어 섞어준다.

4. 달걀을 멍울 없이 풀어준 후 3의 우유를 넣고 체에 2~3번 걸러준다.

5. 캐러멜 시럽을 부어둔 틀에 체로 거른 달걀 우유물을 넣고 중탕으로 쪄준다.
   ※ 큰 팬에 물을 붓고 그 안에 오븐용 틀을 넣어서 굽는 것을 '찐다' 라고 표현한다.

6. 냉장고에 넣어 2~3시간 정도 식히고 난 후 조심스럽게 뒤집어 푸딩을 꺼낸다.

쿠킹 플러스+

입안에서 사르르 녹는 초코 캐러멜

재 료 생크림 200g(액상 상태), 설탕 50g, 꿀 50g, 버터 50g, 초 콜릿 60g

만들기 1. 냄비에 생크림과 설탕, 꿀을 넣고 가스불에 올려 천 천히 저으면서 녹여준다.

2. 1에 버터를 넣고 녹이다가 버터가 거의 다 녹았을 때 초콜릿을 넣고 마저 녹인다.

3. 중간에서 약간 약한 불로 재료가 잘 섞일 수 있도록 젓다가 적정 온도가 되었을 때 용기에 붓고 식혀준다.

* 캐러멜 적정 온도 알아내기 : 유리컵에 찬물을 담고 캐러멜 소스를 한 스푼 떠서 떨어뜨 린다. 퍼지지 않고 잘 뭉쳐 있을 때가 적정 온도가 되었을 때이다.

4. 한 시간 정도 식힌 후 기름을 살짝 바른 칼로 손자국이 나지 않도록 조심스럽게 잘라 준다.

와인 젤리

귀한 손님을 초대한 자리라면 디저트에 더욱 신경 쓰이게 된다. 메인 요리도 중요하지만 어떻게 식사를 마무리하느냐에 따라 그 식사 시간 전체가 다르게 기억될 수도 있기 때문이다. 귀한 분을 대접한다면 흔히 먹는 디저트 메뉴가 아닌 조금은 색다른 디저트에 도전해 보자. 집을 나설때는 '내가 제대로 대접 받았구나' 하는 기분 좋은 마음으로 갈 것이다.

 **재 료**

화이트 와인 200g, 판 젤라틴 1장, 장식용 체리

🧁 만드는 법

1. 판 젤라틴은 10분 정도 물에 담가 불려 준비한다.

2. 화이트 와인에 불린 젤라틴을 넣고 주걱으로 저으면서 중탕으로 녹여준다.

3. 원하는 용기에 담아 냉장실에서 1~2시간 굳힌다.

4. 젤리가 굳으면 냉장고에서 꺼내 체리를 얹어 장식한다.

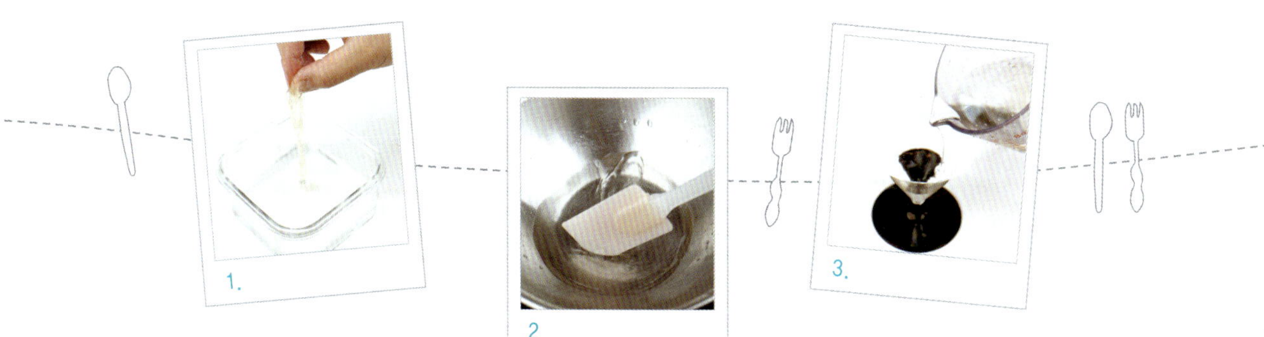

1.

2.

3.

쿠킹 플러스+ 와인 칵테일 상그리아

재 료 레드 와인 1/2컵, 사이다 500mL, 오렌지 1/6개, 레몬 1/2개, 설탕 1/2큰술, 얼음 약간

만들기
1. 깨끗이 씻은 오렌지는 적당한 크기로 썰고, 레몬 역시 깨끗이 씻어 얇게 모양 내어 썰어 준비한다.

2. 용기에 오렌지와 레몬을 넣고 설탕을 넣는다.

3. 설탕이 녹을 때까지 잠시만 기다렸다 와인을 넣고 사이다는 200mL 정도만 먼저 붓는다.

4. 얼음을 넣고 사이다를 마저 붓는다.

치즈 파운드 케이크

과자나 빵을 구울 때 좋은 사람들을 생각하면서 만드는 그 시간도 소중하지만 과자와 빵이 만들어지는 그 냄새가 너무 좋을 때가 있다. 여러 가지 일들로 마음이 복잡할 때 손이 무언가 하고 있으면 복잡한 마음도 머릿속도 정리가 되어가는 느낌이다. 특히 맛있는 과자나 빵을 구울 때는 시간이 지날수록 향긋하게 퍼지는 맛있는 냄새로 인해 나도 모르게 미소가 지어지고 복잡했던 마음은 어느 순간 사르르 사라져 버린다.

 ### 재 료

박력분 200g, 베이킹파우더 15g, 달걀 1개, 버터 100g, 슬라이스 치즈 4장,
설탕 120g

만드는 법

1. 미리 꺼내두어 충분히 부드러워진 버터에 설탕과 잘게 자른 치즈를 넣고 저어준
   다.(이때 치즈는 기호에 따라 양을 조절해도 상관없다.)

2. 달걀은 노른자부터 넣고 달걀 흰자는 두 번에 나누어 넣으면서 분리가 되지 않도
   록 저어준다.

3. 설탕이 녹으면 박력분과 베이킹파우더를 체에 쳐서
   넣고 날가루가 보이지 않도록 섞어준다.

4. 준비한 틀에 70~80% 정도 반죽을 붓고 오븐에
   굽는다.

계량 단위가 이름이 된 파운드 케이크

영국에서 처음 만들어진 파운드 케이크는 제과, 제빵의 필수 재료인 버터, 설탕, 달걀, 밀가루가
1파운드(약454g)씩 들어간다고 해서 붙여진 이름이다. 토지와 기후가 척박한 영국의 특성 탓에 화
려하거나 섬세한 모양은 아니지만 소박하고 실용적인 우리의 일상생활과 훨씬 잘 맞닿아 있다.
파운드 케이크는 유럽을 비롯한 세계로 나가 있는 대중적인 제과류로 우리나라에서도 일제시대
때부터 판매되고 있다. 자기네 문화나 음식에 대한 자부심이 높은 프랑스에서도 파운드 케이크 혹
은 케이크라는 이름을 사용할 정도로 파운드 케이크의 맛을 인정했다고 할 수 있다. 파운드 케이
크는 기본적인 재료 배합 비율과 제조법을 가지고 있기 때문에 그것을 기본으로 다양한 재료를 첨
가하여 기호에 맞게 변형시켜 먹을 수 있다.

과자집

　유명한 제과점에 가거나 어린이 관련 행사장 같은 곳에 가면 과자로 만든 집이 전시되어 있을 때가 있다. 과자집을 볼 때마다 신기하기도 하고 과연 먹을 수 있는 것인가 궁금하기도 하였다. 보기엔 근사한 과자집이지만 만들기가 그렇게 어렵진 않다. 아이들 방학 숙제로도 더없이 좋으며 아빠와 함께 만든다면 '우리 아빠 멋진 아빠'라는 아이들의 칭찬 세례도 들을 수 있을 것이다.

 **재 료**

시중에 판매되는 다양한 모양의 과자들, 달걀 흰자 50g, 슈거파우더 150g, 레몬즙 10g

 **만드는 법**

1. 바닥과 벽으로 세우기 적당한 과자로 기본 뼈대를 만든다.

2. 사면을 둘러가며 벽을 세운 후 지붕을 올리기 위한 뼈대를 만들어 준다.

3. 두 가지 종류의 쿠키를 이용하여 2층 지붕을 올려준다.

4. 굴뚝을 만들어 붙인다.

5. 창문, 대문 등 집 주변을 장식한다.

♥♥ **천연 접착제 만들기**

접착제이지만 천연 재료를 사용했기 때문에 먹을 수도 있다. 중간에 굳으면 레몬즙을 조금 더 첨가하도록 한다.

만들기 : 달걀 흰자와 슈거파우더를 1 : 2 혹은 1 : 3 비율로 섞고 레몬즙을 조금 넣는다.

1. 2. 3. 4.

동화속 이야기가 현실로 되는 과자집

과자로 만든 집하면 제일 먼저 떠오르는 것이 헨젤과 그레텔 이야기일 것이다. 숲속에 버려져 헤매던 배고픈 아이들 앞에 나타난 과자로 만든 집, 얼마나 매혹적이었을까? 헨젤과 그레텔에 나오는 과자로 만든 집은 보통 진저브레드 하우스로 불려지고 있는데, 원 동화에는 나오지 않지만 각색 과정을 거치며 당연한 듯이 진저브레드 하우스로 굳어졌다. 그만큼 진저브레드는 유럽에서는 아이들에게까지 사랑받는 대중적인 과자이다. 제과 제빵의 다른 메뉴들과 달리 과자로 만든 집은 딱히 어떻게 만들어라 하는 매뉴얼이 없다. 머릿속에 그려지는 이미지대로 자유롭게 만들면 된다. 때문에 아이들의 상상력을 마음껏 펼쳐볼 수 있다.

핫케이크 와플

한때 와플이 선풍적인 인기를 끌었던 적이 있다. 지금도 그때만큼은 아니지만 와플은 여전히 인기 간식 중의 하나이다. 갓 구운 따끈따끈한 와플에 생크림이나 아이스크림, 잼 등의 토핑을 올려 깔끔한 블랙커피 한 잔과 함께하는 시간은 생각만으로도 즐겁다. 와플 만드는 방법 역시 다양하게 전해지고 있지만 시간이 부족한 사람들을 위해 시중에서 쉽게 구할 수 있는 핫케이크 가루를 활용한 레시피를 소개해 본다.

 **재 료**

시판용 핫케이크 가루 200g, 달걀 1개, 반죽 되기 조절용 우유 · 버터 소량,
토핑용 과일 · 생크림 · 잼 · 아이스크림 적당량

🧁 만드는 법

1. 볼에 달걀을 넣고 흰자와 노른자로 분리하지 않고 같이 넣어 거품기로 저어준다.

2. 1에 우유를 조금 넣고 섞다가 핫케이크가루를 넣어 반죽이 멍울지지 않도록 섞는
   다. 이때 반죽이 좀 되다 싶으면(국자로 떴을 때 잘 안 떨어지는 경우) 우유를 1큰
   술 정도 더 넣어준다.

3. 와플팬에 반죽이 달라붙지 않도록 버터를 충분히 꼼꼼하게 바르고 2의 반죽을 한
   국자 떠 넣어 굽는다. 와플을 구울 때는 너무 센 불보다는 중간 이하 세기에서 천
   천히 굽도록 한다.

4. 취향에 따라 잼, 아이스크림, 생크림 등을 토핑으로 올려 먹는다.

와플의 유래와 종류

와플이 처음 시작된 것은 2000년 전 중국이라고 한다. 하지만
초창기 와플은 지금처럼 벌집 모양의 홈이 있는 것이 아니라 팬
케이크 같은 형태였다고 한다. 17세기 이후 교회를 중심으로 조금씩
즐기기 시작하다 네덜란드 선교사들이 미국으로 건너가면서부터 본격적으로 즐기게 되었다.

와플은 벨기에 와플이 제일 유명한데 달걀 흰자를 거품 내어 반죽한 브뤼셀 와플, 이스트를 사용
하여 발효시킨 후 굽는 리에주 와플, 브뤼셀 와플의 변형으로 베이킹파우더를 넣어 만드는 과정을
간소화시킨 아메리칸 와플 등이 있다.

브뤼셀 와플은 큰 사각형의 형태로 묽은 반죽으로 구워 겉은 바삭하고 안은 부드럽다. 그리 달지
않아 달콤한 토핑을 얹어 먹기에 좋다. 발효 후 구워 쫄깃한 리에주 와플은 모서리가 둥그렇고 작
다. 와플 자체에 단맛이 있어 특별한 토핑 없이도 먹을 수 있다. 마지막으로 아메리칸 와플은 둥그
랗고 큰 형태로 와플 중 만드는 과정이 제일 간단하며 토핑을 화려하게 올려 먹는다.

크림 가득 컵케이크

요즘은 컵케이크만 따로 판매하는 카페가 있을 정도로 컵케이크가 인기를 끌고 있다. 일반 케이크는 그 양이 부담스럽고 조각 케이크는 뭔가 덜 갖춰진 듯한 느낌이 든다는 당신에게 꼭 권하고 싶은 케이크이다. 하지만 시중에 파는 컵케이크는 가격이 만만찮다는 단점이 있다. 그럴 때 머핀을 구워 충분히 식힌 다음 크림을 올리고 초코칩 등을 토핑으로 장식하면 된다. 틀에 박힌 케이크보다 근사한 생일 케이크를 만들 수 있다.

재 료

머핀 : 박력분 200g, 베이킹파우더 5g, 버터 170g, 설탕 160g, 소금 2g, 달걀 3개,
코코아가루 20g, 우유 60g, 초코칩 50g
장식용 크림 : 생크림, 초콜릿, 초코 과자

만드는 법

1. 버터는 미리 꺼내어 마요네즈처럼 충분히 부드러운 상태로 만든다. 부드러운 버터
에 설탕을 넣고 거품기로 저어준다.

2. 1에 달걀은 노른자부터 넣고 섞다가 흰자는 3~4번 천천히 나누어 넣으면서 거품
기로 젓는다.

3. 2에 박력분과 베이킹파우더, 코코아가루 등 가루 재료를 체에 쳐서 넣고 섞다가
우유를 넣고 초코칩을 넣는다.

4. 머핀틀에 70~80% 정도 반죽을 넣고 오븐에 구워낸다.

5. 오븐에서 꺼낸 머핀은 충분히 식힌 후 크림을 짤주머니에 넣어
머핀 위에 꽈리를 틀며 보기 좋게 짜준다.

6. 초콜릿과 과자로 장식하여 마무리한다.

1.

2.

3.

4.

Tip
아이 생일상에 컵케이크를 내놓는다면 초대한 친구들 자리마다 컵케이크 위에 아이들 이름을 쓴 작은
깃발이나 태그 같은 것을 꽂아 주면 무척 기뻐할 것이다.

과일 크레이프

하루하루 바쁘고 정신없이 지내다보면 '난 지금 뭐하고 있는 거지…' 하는 생각이 들 때가 있다. 어느 날 잠시 짬을 내어 햇살 따뜻하게 비추는 카페 테라스에 앉아 시원한 음료 한 잔과 달콤한 디저트를 즐겨 보는 것은 어떨까? 와플, 푸딩, 컵케이크, 크레이프 등 답답했던 마음을 환하게 해 줄 비타민 같은 디저트 메뉴들이다. 돌아오는 휴일에는 과일 크레이프를 만들어 사랑하는 가족들과 맛있게 먹어보자. 이것도 한 주일의 스트레스를 날려 보내는 좋은 방법이 될 것이다.

재 료

박력분 45g, 버터 15g, 우유 120g, 달걀 1개, 설탕 10g, 소금 1g, 과일 · 생크림 적당량

만드는 법

1. 우유와 버터는 버터가 녹을 때까지 중탕으로 데운다.

2. 달걀에 설탕, 소금을 넣고 거품기를 이용하여 저어주다가 박력분을 넣고 고루 섞어준다.

3. 2의 반죽에 중탕한 우유와 버터를 넣고 살짝 섞는다.

4. 냉장고에 두 시간 정도 두었다가 약한 불에서 얇고 넓게 반죽을 펴서 부쳐준다. 이때 불을 최대한 약하게 하고 반죽을 올려서는 프라이팬을 돌려 반죽을 얇고 넓게 펴 주도록 한다.

5. 구워진 크레이프는 서로 겹쳐지지 않도록 넓게 펼쳐 식힌다. 얇기 때문에 겹쳐 놓으면 찢어질 수 있다.

6. 다 식은 크레이프 위에 과일이나 생크림 등 원하는 재료의 토핑을 올려 먹기 좋게 삼각형 모양으로 접어준다.

매력적인 요리, 크레이프

'실크와 같이' 라는 뜻을 가진 크레이프는 설탕과 소금을 섞은 밀가루에 우유, 달걀, 버터를 넣어 반죽해 기름기 없는 팬에서 잔주름이 가도록 얇게 부쳐내는 것이다. 크레이프는 구워서 가볍게 그냥 먹기도 하고 달콤한 잼이나 생크림, 각종 과일을 비롯한 취향에 맞는 재료를 더해 먹는다. 준비한 다른 재료를 넣어 돌돌 말아 먹어도 맛있지만 얇은 크레이프 반죽을 사이사이 생크림을 바르고 겹겹이 쌓아올려 케이크를 만들어 먹어도 색다르다.

속재료를 넣어 돌돌 말아 먹을 경우 어떤 재료를 사용하느냐에 따라 그 맛이 천차만별인데 과일 외에도 단팥을 졸여 얇게 펴발라도 되고 볶음밥을 넣고 케첩을 뿌려주어도 아이들 간식으로 훌륭하다. 이외에도 크레이프는 어떤 재료를 어떻게 넣느냐에 따라 다양한 맛을 즐길 수 있는 요리이다.

생크림 케이크

홈 베이킹하는 걸 아는 순간, 주변에서는 그럼 케이크도 만들 수 있는 거냐고 물어보는 사람이 많다는 푸념을 하는 이들을 본다. 그러면서 꼭 그 어려운 걸 어떻게 만드냐고… 케이크 만드는 거 어렵지 않냐고 다시 나에게 물어오곤 한다. 물론 까다로운 케이크들이 있지만 모든 케이크가 다 만들기 어려운 것은 아니다. 시중에서 쉽게 구할 수 있는 재료들로도 얼마든지 근사하고 맛있는 케이크를 만들 수 있다.

재 료

시판용 카스텔라 1봉, 휘핑된 생크림 1컵, 제철 과일 적당량

 만드는 법

1. 카스텔라는 원형으로 준비하되 원형이 없으면 사각 모양을 원형
   으로 잘라서 준비해 둔다.

2. 준비한 카스텔라는 일정한 두께로 옆면 쪽에서 두 번 잘라
   카스텔라를 세 장으로 만든다.

3. 제일 아래에 카스텔라 한 장을 놓고 그 위에 생크림을 바르
   고 카스텔라 한 장을 얹은 다음 다시 생크림을 바르고 남은 카
   스텔라로 덮어준다. 이때 카스텔라 사이사이에 과일을 넣어도 좋다.

4. 마지막으로 생크림으로 깔끔하게 아이싱하고 제철 과일을 올려 마무리한다. 아이
   싱할 때 적당한 도구가 없다면 집에 있는 과도를 이용하면 깔끔하게 할 수 있다.

Tip

※ 아이싱이란 케이크나 쿠키와 같은 과자류에 마무리 재료를 바르는 것, 즉 마무리 장식을 말한다.
도넛을 튀기고 설탕을 바르는 것도 아이싱에 속한다. 케이크 만들기에서 아이싱은 크림으로 빵이 보이
지 않게 덮어주는 것을 말한다.

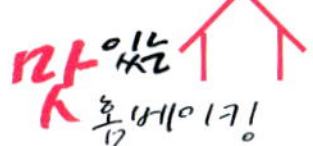

케이크 옮기기

    카스텔라 사이에는 좋아하는 잼을 발라도 좋고 생크림과 함께 제철 과일을 섞어 얹
어도 된다. 아이싱할 때도 모양깍지를 이용해 꾸며 주어도 좋지만 장식에 자신이 없다
면 깔끔하게 생크림만 바르고 과일을 올려 마무리하는 것이 훨씬 낫다.
    케이크를 만들 때 카스텔라를 일정한 두께로 자르는데 어려움을 느끼는 사람들이 있
는데 양옆으로 같은 두께의 막대를 대 준 다음에 막대 높이에 맞춰 빵칼로 자르면 일정
한 두께로 반듯하게 자를 수 있다.
    완성된 케이크를 옮기는 과정에서도 많이 부서지고 모양이 흐트러지곤 하는데 깔끔하
게 크림을 바르고 나서 먼저 옮긴 후에 과일을 올리거나 크림 장식을 하는 것이 좋다.
케이크가 무거우면 그만큼 파손의 위험이 크기 때문이다. 케이크를 옮길 때는 케이크
바닥에 크림을 바를 때 사용한 과도를 넣고 왼손으로 들어 올린 뒤 케이크 판에 뒤쪽부
터 닿게 내려놓으면서 손과 칼을 빼주면 된다.

단호박무스 케이크

어르신들 생신이나 명절, 어버이날 등엔 용돈만 드리기도 선물만 드리기도 뭔가 모자란 듯한 기분이 든다. 왠지 성의도 없어 보이고 마음을 전하기에 부족한 느낌을 준다. 그럴 때 직접 만든 케이크를 같이 드린다면 받는 어르신들도 좋아하고 주는 나도 기분 좋을 것이다. 건강에도 좋고 맛도 좋은 단호박을 이용한 케이크를 만들어 드리면 기억에 오래 남는 행복한 날로 기억하지 않을까.

 **재 료**

시판용 카스텔라 1봉, 단호박 1/2통, 휘핑한 생크림 1컵, 꿀 또는 시럽 2큰술,
장식용 카스텔라 약간

만드는 법

1. 카스텔라는 원형으로 준비하되 원형이 없으면 사각 모양을 원형으로 잘라서 준비
   한다.

2. 단호박은 껍질을 깨끗이 씻어 찐 다음에 포크나 매셔를 이용하여 으깨준다. 으깬
   단호박에 생크림과 꿀 또는 시럽을 조금 넣고 고루 섞어준다.

3. 1의 카스텔라를 옆면으로 두 번 잘라 세 장으로 만든다. 이때 카스텔라의 두께는
   서로 비슷하게 하는 것이 좋다.

4. 제일 아래에 카스텔라 한 장을 놓고 2의 으깬 단호박을 두껍게 펴 바른 다음 카스
   텔라를 한 장 올리고 다시 으깬 단호박을 펴 바르고 남은 카스텔라로 덮는다.

5. 생크림으로 깔끔하게 발라준다. 이때 적당한 도구가 없다면 집에 있는 과도를 이
   용해 본다. 의외로 깔끔하게 생크림을 바를 수 있다.

6. 생크림을 바른 케이크 윗면에 카스텔라를 체에 곱게 내린 후 뿌려 마무리한다.

케이크의 분류

케이크는 만드는 사람에 따라, 레시피에 따라, 사용하는 재료
에 따라 그 맛과 모양이 얼마든지 변할 수 있는 것으로 몇 가지 종
류의 어떤 케이크가 있다라고 정의하기가 어렵다. 굳이 분류를 하자
면 크게 7가지 정도로 분류할 수 있다.

우선 거의 대부분의 케이크의 기본적인 시트로 사용되는 제누와즈 케이크가 있고, 머랭이 들어
가지 않아 약간 퍽퍽한 느낌이 드는 파운드 케이크, 머랭을 많이 넣어 크게 부풀린 시폰 케이크,
제누와즈를 얇게 깔고 원하는 재료로 만든 무스 크림을 올려 냉장고에서 차갑게 굳혀 먹는 무스
케이크, 깊고 풍부한 치즈의 맛을 느낄 수 있는 치즈 케이크, 브라우니 같은 초콜릿 케이크, 달걀
흰자를 주로 이용한 엔젤푸드 케이크 등으로 나눌 수 있다.

바삭바삭 맛있는 쿠키, 달콤 촉촉한 케이크… 왠지 그 것만으로 뭔가 허전하게 느껴질 때가 있다. 냉장고에 있는 시판용 주스, 우유만으로는 채워지지 않는 그 맛. 쿠키 가 구워지는 동안, 빵에 모락모락 오른 김이 가시기 전에 맛 있는 음료를 준비해 보자. 만들기는 그리 까다롭지 않으면 서 우리들의 입맛과 건강까지 챙길 수 있는 음료들이 여기 다 모여 있다.

Part 4

빵과 쿠키가 더욱
맛있어지는 음료

사과 아이스티

상쾌하고 달콤한 향과 맛의 사과 아이스티. 간편하게 즐길 수 있는 시판용 사과 아이스티도 있지만 내 가족의 건강한 여름을 위해 집에서 직접 만들어 보는 것은 어떨까.

만드는 법

1. 사과는 깨끗이 씻어 껍질을 깎은 다음 반으로 잘라서 씨를 빼낸다.
2. 냄비에 분량의 물과 설탕을 넣고 약한 불에서 연한 갈색이 날 때까지 조려서 캐러멜 소스를 만든다.
3. 캐러멜 소스에 1의 사과를 넣고 약한 불에서 소스를 끼얹어 가며 5분쯤 조린다.
4. 따뜻한 물에 홍차 티백을 넣고 1분 30초 정도 우려낸 뒤 꿀과 얼음을 넣고 저어준다.
5. 유리컵에 3의 사과조림을 넣고 4의 홍차를 부어준다.

레몬에이드

밖에서 사먹게 되는 레몬에이드는 레몬 특유의 상큼하게 쏘는 맛은 하나도 없이 그냥 레몬향 나는 설탕물 같을 때가 있다. 무더운 여름에 특히나 생각나는 상쾌한 레몬에이드. 이젠 레몬은 조금 더 넣고, 단맛은 조금 더 줄여 건강하게 즐겨보자.

 **재 료**

레몬 2~3조각, 물 200mL(사이다 혹은 탄산수 대체 가능), 아가베 시럽 적당량

 **만드는 법**

1. 레몬은 뜨거운 물에 살짝 데친 후 소금을 이용하여 레몬 표면을 문질러 씻는다.
2. 깨끗하게 씻은 레몬을 즙 짜는 기구를 이용하여 꽉 짜준다.
3. 컵에 레몬즙을 넣고 사이다나 탄산수를 컵의 반 정도 붓는다.
4. 취향에 따라 아가베 시럽을 첨가한 후 얼음을 넣고 잘 섞어준다.
5. 얇게 슬라이스한 레몬 한 조각을 넣으면 상큼함을 더해준다.

토마토 1개, 생수 1/2컵,
얼음 적당량, 아가베 시럽
적당량

토마토 주스

 학창시절 처음 가 본 카페에서 시켰던 토마토 주스. 케첩에 사이다를 섞은 듯한 시금털털하고 오묘한 맛의 충격을 잊을 수가 없다. 그 뒤로 한동안 토마토 주스는 쳐다보지 않았지만 요즘은 토마토가 좀 남는다 싶으면 어김없이 주스로 만들어 먹는다. 세계 10대 슈퍼푸드 중의 하나인 토마토. 조금 더 맛있게, 건강하게 즐겨보자.

 만드는 법

1. 잘 익은 완숙 토마토를 골라 깨끗이 씻어 꼭지를 제거하고 적당한 크기로 썬다.

2. 믹서에 토마토를 넣고 생수를 넣는다. 좀 더 시원하게 즐기려면 얼음을 같이 넣어도 좋다. 생수와 얼음의 양은 기호에 따라 조절하도록 한다.

3. 아가베 시럽은 토마토 특유의 맛을 즐기고 싶으면 조금만 넣고 갈아준다.

키위 주스

과일을 별로 좋아하지 않는 사람이라도 비타민 보충을 위해 생과일 주스를 챙겨 먹기도 한다. 하지만 각종 첨가물로 맛을 낸 사이다를 이용해 주스를 만든다면…? 그래도 알싸한 사이다 맛을 잊을 수 없다면 탄산수를 이용해 주스를 만들어 보자.

 **만드는 법**

1. 키위는 껍질을 깎고 조각을 내준다.
2. 믹서에 탄산수와 아가베 시럽을 약간 넣는다.
3. 2에 키위를 넣고 씨까지 갈리지 않도록 버튼을 눌렀다 놨다하면서 갈아준다.
4. 컵에 키위 주스를 붓고 얼음을 띄워 낸다.

 **재 료**

키위 2개, 탄산수 1/2컵, 아가베 시럽 약간

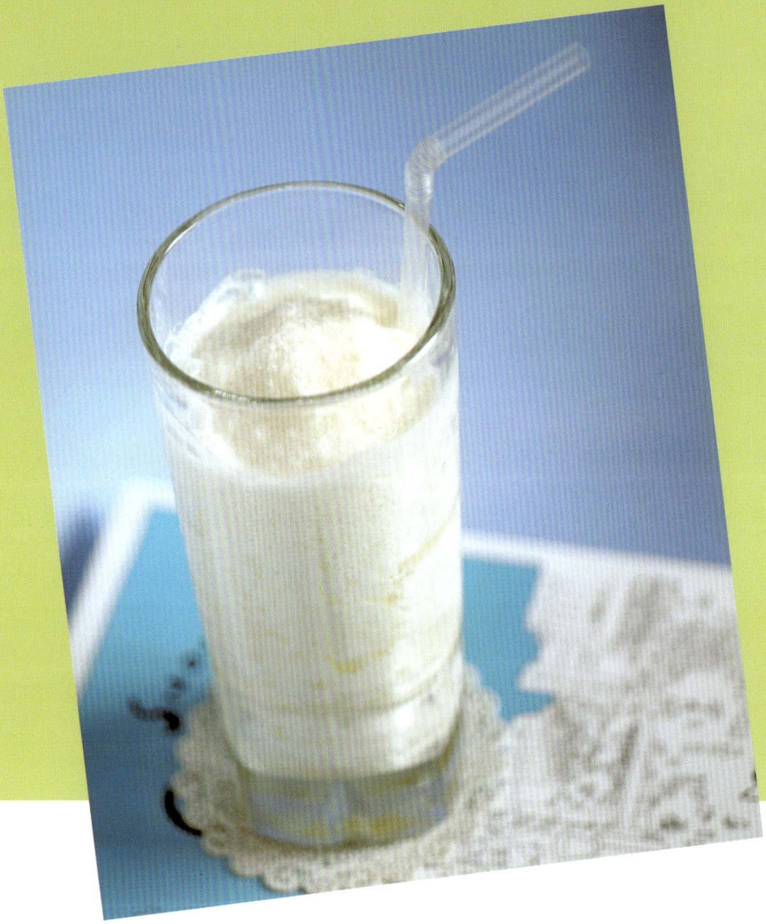

요거트 셰이크

숨이 턱턱 막히게 더운 여름날. 무엇보다 시원한 음료가 절실히 필요할 때이다. 그렇다고 각종 첨가물과 당분으로 얼룩진 음료만 먹을 순 없지 않을까. 이제 뜨거운 여름을 식혀줄 차가운 음료에 건강을 입혀보자.

 **만드는 법**

1. 요거트는 하루 전에 미리 냉동실에 넣어 얼려둔다.
2. 얼린 요거트를 꺼내어 실온에서 살짝만 녹인다.
3. 믹서에 살짝 녹인 요거트를 넣고 우유, 얼음, 기호에 따라 아가베 시럽이나 꿀을 넣고 갈아준다.
4. 준비한 컵에 부어 낸다.

딸기 셰이크

딸기가 많이 나는 계절 잔뜩 사다 놓긴 했지만 빨리 무르는 과일이라 천천히 먹을 수가 없다. 딸기가 남을 때 잼을 만들어도 좋지만 꼭지를 따고 조금씩 포장해 냉동실에 보관해 보자. 딸기가 나지 않는 계절, 냉동실에 넣어 두었던 딸기를 꺼내 셰이크를 만들어 먹으면 소소하지만 마음 가득차는 행복을 느낄 수 있다.

만드는 법

1. 딸기는 깨끗하게 씻은 뒤 꼭지를 떼어 준비한다.
2. 믹서에 우유, 얼음과 함께 1의 딸기를 넣고 갈아준다.
3. 기호에 따라 바닐라 아이스크림과 아가베 시럽을 넣어 한 번 더 갈아준다.

재 료

딸기 5개, 우유 4/5컵, 얼음 약간, 바닐라 아이스크림 약간, 아가베 시럽 적당량

녹차라떼

우유가 들어간 음료가 대체로 부드러운 편인데 녹차라떼도 마찬가지이다. 녹차 특유의 쌉쌀한 맛은 줄어들고 우유의 부드러움이 더해져 녹차를 좋아하지 않는 사람이라도 충분히 즐길 수 있는 음료이다.

만드는 법

1. 우유는 냄비에 담아 가스불에서 데우거나 전자레인지를 이용하여 따뜻하게 데운다.
2. 따뜻한 우유에 녹차가루와 꿀이나 아가베 시럽을 넣고 잘 녹여준다. 잘 섞이지 않으면 믹서에 넣고 갈아 주어도 상관없다.
3. 잔에 2를 붓고 스팀기가 있으면 우유 거품을 만들어 꾸며준다.

  *진하고 단맛을 원하면 녹차가루와 감미료의 양은 적절히 조정하면 된다.

바나나 주스

최근 건강까지 챙기면서 다이어트할 수 있는 식품으로 급부상하고 있는 것이 바나나이다. 약간 달달한 맛도 나면서 포만감까지 느낄 수 있어 엄격한 식이 제한을 해야 하는 다이어트에 제격이다. 바나나는 변비에 좋으며 칼슘의 함량이 높아 다이어트로 인해 자칫 건강을 해칠 염려가 있는 이들에게 꼭 권하고 싶다.

만드는 법

1. 바나나는 껍질에 거뭇한 반점이 약간 있는 것이 잘 익어 당도가 높은 것이다. 바나나는 껍질을 벗겨 적당한 크기로 잘라 준비한다.
2. 믹서에 준비한 바나나와 우유를 넣고 갈아준다. 이때 견과류를 조금 넣고 같이 갈아주면 달콤하고 고소한 바나나 주스가 된다.

*달콤한 맛을 내기 위해 시럽을 넣어도 되지만 소금을 약간 넣으면 의외로 단맛이 강해진다.

재 료

바나나 1개, 우유 1컵, 견과류 약간

고구마라떼

주 재료 중 우유가 사용된 음료를 총칭하는 말로 ~라떼라는 말이 쓰인다. 라떼 음료가 점점 다양해지면서 '이런 것도 우유로…' 하는 감탄사가 나올 때가 있는데 처음 고구마라떼를 마셨을 때도 그랬다. 출출할 때나 바쁠 때 음료지만 한 끼 식사로도 손색없다.

 만드는 법

1. 삶은 고구마는 껍질을 벗겨내고 적당한 크기로 자른다.

2. 믹서에 고구마와 우유를 넣고 갈아준다. 이때 견과류가 있으면 조금 넣어도 좋다.

3. 냄비에 고구마와 우유 간 것을 넣고 중불에서 따뜻하게 데워준다.

4. 소금과 아가베 시럽을 넣고 잘 저어준다.

5. 남은 견과류를 부수어 넣거나 슬라이스 아몬드를 몇 개 띄워 낸다.

카푸치노

한 드라마에서 여자 주인공 입에 묻은 카푸치노 거품을 남자 주인공이 달콤한 키스로 걷어 내어 많은 여자들의 가슴을 설레게 만들었다. 물론 집에 있는 우리 짝은 본 척도 안했지만 곱고 하얀 카푸치노 거품을 볼 때마다 그 장면이 떠오른다.

 만드는 법

1. 커피잔에 에스프레소를 내린다.
2. 60℃ 정도로 데운 우유에 전동 거품기를 넣고 휘저어 거품을 만들어 준다.
3. 에스프레소에 우유 거품 밑의 우유를 천천히 부은 다음 스푼으로 거품을 듬뿍 올리고 시나몬 파우더를 뿌려 마무리한다.

* 집에서 우유 거품 만들기

1. 쿠킹 포일을 찢어 뭉쳐 작은 볼을 몇 개 만들어 둔다.
2. 따뜻하게 데운 우유를 보온병에 넣는다.
3. 우유를 넣은 보온병에 1의 쿠킹 포일로 만든 볼을 넣고 1분 가량 아래위로 흔들어 거품을 만들어 준다.

재 료

에스프레소 25g, 우유 150g, 시나몬 파우더 약간

도움 주신 분

국제상사
대구시 동구 용계동 331-4
Tel. 053) 746-0188
제과제빵 재료 / 개업 상담
www.kukjebm.co.kr

coffee in 장.명.달 (음료 및 장소 제공)
구미시 형곡동 107-14번지 1층
Mobile. 010-6786-0525

사진 구자익 실장(Profil Studio)
스타일링 홍종숙, 김영숙

워킹맘표 빵과자

2011년 8월 5일 인쇄
2011년 8월 10일 발행

저자 : 최연지
펴낸이 : 남상호

펴낸곳 : 도서출판 예신
www.yesin.co.kr

140-896 서울시 용산구 효창원로 64길 6
대표전화 : 704-4233, 팩스 : 335-1986
등록번호 : 제03-01365호(2002. 4. 18)

값 12,000원

ISBN : 978-89-5649-090-8